学びやすい 4 つのポイント

本書は、プログラミングをはじめて学ぶ方を対象に、わかりやすく丁寧な解説を行い、初心者の方がつまずきやすいポイントもしっかりフォローしています。ここでは、本書でJavaScriptのプログラミングが身に付く4つのポイントについてご紹介します。

POINT 1 JavaScript プログラムの基本がしっかりわかる！

3-3-3 変数と定数

定数と似たものに、「**変数**」というものがあります。変数は、「let」という宣言を使います。

```
let num2 = 100; // num2を変数として宣言し、100を代入しました
```

構文　　let 変数名 = 変数に代入する値 ;

「let」は英語の「Let（〜にする）」という意味で、「変数」を宣言します。変変更ができるか」という部分です。

プログラム：const2.html
```
11    const num = 100;
12    num = 50; // 定数numに別の値を代入しようとしています
13
14    alert(num);
```

「定数」は、一度値を代入するとほかの値を代入してその内容を変更することはできません。そのため、このプログラムは正しく動作せず、警告ウィンドウも表示されません。Google Chromeのデベロッパーツールを確認すると、「コンソール」タブに次のようなエラーが表示されます。

デベロッパーツールのコンソールに表示されるエラーメッセージ
```
Uncaught TypeError: Assignment to constant variable.
```

このエラーは、「定数に割り当てることはできません」という意味です。

しかし、「let」で宣言した「変数」では、ほかの値を代入して、内容を変更することができます。

プログラム：const3.html
```
11    let num = 100;
12    num = 50; // 変数の場合は別の値を代入できます
13
14    alert(num);
```

この場合は、正しく動作し、警告ウィンドウには後から代入した「50」が表示されます。これは、numという変数の値を12行目で上書きして、内容を変更しているためです（もとの100という値は失われてしまいます）。

> プログラムの基本となる構文（文法）について、シンプルにわかりやすく説明しています。

> 構文を使った簡単な例を紹介しています。構文をどのように使うのかがわかります。

> プログラムコードと解説文によって理解しやすくなっています。

手を動かして実行結果を確認して内容理解！

POINT 2

プログラムの実践例を紹介します。どのようにプログラムを記述すればよいのか、実例ベースでしっかりわかります。

3-5-7 break、continue

while文やfor文は、条件が成り立っている間、繰り返し処理が行われます。しかし、場合によっては条件を満たしていても、繰り返しを中断したり、処理を飛ばしたりしたいことがあります。そんなときに使えるのが、「break」と「continue」です。それぞれ紹介します。

● break

次のようなプログラムを作成します。

● 0、1、2、…と、順番に永遠に数字を画面に表示し続ける
● 5よりも上になったら繰り返しを中断する

まず、「永遠に繰り返す」という繰り返しの構文は、while文で作成することができ[…]まで作成してみましょう。なお、このプログラムを実行すると終わらなくなってしまう[…]意してください。実行したら、Webブラウザーの「停止」ボタンをクリックするか、タブ[…]閉じましょう。

新しく記述したプログラムの動きを解説しています。1行でも不明な部分があると理解できないのがプログラムです。

3

プログラム：break.html

```
11    let num = 0; // 変数numに0を代入します
12    while (true) { // 条件にtrueを指定することで条件が常に成り立つ状態となるため、永
                 遠に繰り返します
13        console.log(num); // デベロッパーツールのコンソール画面にnumを表示します
14        num++; // インクリメントでnumに1を加算して再度代入します
15    }
```

このプログラムを実行すると、Webブラウザーが操作できなくなってしまったり、デベロッパーツールのコンソール画面に0、1、2、…とずっと数字が表示され続けたりします。

30452	break.html:13
30453	break.html:13
30454	break.html:13
30455	break.html:13
30456	break.html
30457	break.h

while文の条件に指定した「true」とはブール値で、while文は条件式が「true」[…]立つと判断し、「false」の場合は成り立たないと判断します。この場合、常にtrueと[…]

プログラムの実行結果を確認できます。実際に手を動かした実行結果と見比べることで、理解が深まります。

挫折しやすい部分を徹底フォロー！

> プログラミングをはじめて学ぶときの挫折しやすい部分を「よく起きるエラー」として随所で取り上げます。

 よく起きるエラー ·····················

添え字で要素の数より多い値を指定すると、正しく動作しません。

プログラム：lab3_array_error.html

```
11    //配列の宣言および値の格納
12    const score = [70, 80, 90];
13
14    //表示
15    alert(score[0] + "点");
16    alert(score[1] + "点");
17    alert(score[2] + "点");
18
19    alert(score[3] + "点");
```

- エラーの発生場所：19行目
- 対処方法　　　：添え字で配列の要素の数以内の値を指定する。

> エラーがどこで発生しているのか、そのエラーの意味は何かを解説します。

> エラーの対処方法を解説します。どこを修正したら正常に動作するようになるのかわかります。

```
このページの内容

undefined点

                              OK
```

実行すると、このように「undefined点」と表示されます。「undefined」とは、要素が出せずに「定義（defined）されていない値」として表示されているという意味です。

参考となる情報も充実

> 知っておくと便利なテクニックや、さらに深掘りした知識など、参考となる情報も充実しています。

Reference

文字列の結合

データ型が文字列型（String）の値の場合、「+」という記号が文字列同士をつなぐ「文字列連結子」に変化します。次の例を見てみましょう。

プログラム：operator5.html

```
11    alert("文字列を" + "足し算します"); // 「文字列を足し算します」と表示
```

これを実行すると、警告ウィンドウに「文字列を足し算します」と表示されます。このように、「+」が2つの文字列をつなぎ、1つの文字列になるように「連結」する演算子としても機能します。また、最初が文字列型だと、それ以降が数値型になっていても、すべて文字列型として処理されます。次の例を見てみましょう。

プログラム：operator6.html

```
11    alert("計算：" + 1 + 1); // 計算：11と表示される
```

POINT 4

実習問題で実力が バッチリ身に付く！

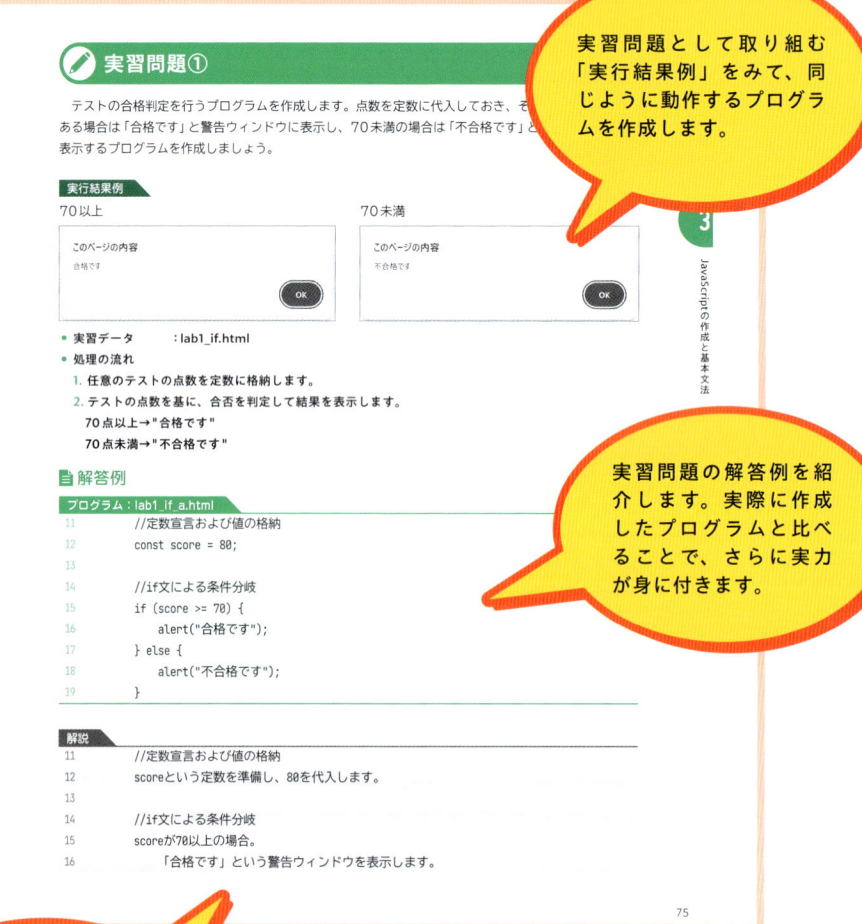

実習問題として取り組む「実行結果例」をみて、同じように動作するプログラムを作成します。

✏️ 実習問題①

テストの合格判定を行うプログラムを作成します。点数を定数に代入しておき、そ〔...〕ある場合は「合格です」と警告ウィンドウに表示し、70未満の場合は「不合格です」と〔...〕表示するプログラムを作成しましょう。

実行結果例

70以上

このページの内容
合格です
OK

70未満

このページの内容
不合格です
OK

- 実習データ　　　：lab1_if.html
- 処理の流れ
  1. 任意のテストの点数を定数に格納します。
  2. テストの点数を基に、合否を判定して結果を表示します。
     70点以上→"合格です"
     70点未満→"不合格です"

解答例

プログラム：lab1_if_a.html

```
11    //定数宣言および値の格納
12    const score = 80;
13
14    //if文による条件分岐
15    if (score >= 70) {
16        alert("合格です");
17    } else {
18        alert("不合格です");
19    }
```

解説

```
11    //定数宣言および値の格納
12    scoreという定数を準備し、80を代入します。
13
14    //if文による条件分岐
15    scoreが70以上の場合。
16        「合格です」という警告ウィンドウを表示します。
```

75

実習問題の解答例を紹介します。実際に作成したプログラムと比べることで、さらに実力が身に付きます。

解答例のプログラムの1行1行すべての動きを解説しています。これによりプログラム全体の理解が深まります。

学習するプログラムのコードはすべてダウンロード可能

本書で学習するすべてのプログラム（実習問題や参考のプログラムも含めて）をダウンロードできるようにしています（詳細は表紙裏を参照）。

はじめに

JavaScriptは、Web開発において広く利用されているプログラミング言語です。

富士通ラーニングメディアでは、そのJavaScriptに関する研修コースをラインナップとしてご提供しており、その中でもはじめてJavaScriptを学習する方に人気のある「JavaScriptプログラミング基礎」の研修コースの内容を今回書籍化しました。

本書は、研修コースの特徴を活かし、プログラミング実習を数多く収録した作りとしています。実際に手を動かすことで、JavaScriptの動きを確認することができ理解度を深められるような作りにしています。

プログラミングの書籍は、一度挫折すると以降は進められない傾向がありますが、プログラムが正しく動かない場合の「よく起きるエラー」を随所でご紹介し、そのエラー原因と対処方法を解説しています。

また、プログラムは1行でも不明な部分があると何をやっているのかわからなくなりますが、本書では1行1行のプログラムの動きを解説しているので理解が深まります。これらにより、自習書でも挫折をしないようにしています。

富士通ラーニングメディアの「JavaScript関連の研修コース」は、充実したラインナップ体系になっており（具体的には本書の付録でご説明）、本書で研修コース相当の知識を習得していただいた後は、Webページの作成やWebアプリケーションの開発コースなどがありますので、受講いただくことでさらにJavaScriptの上位スキルを習得していただくことができます。

本書で学習していただくことによって、JavaScriptの基礎的な知識を徹底的に身に付けていただければと思います。

2024年9月11日
FOM出版

目次

本書をご利用いただく前に

本書で学習を進める前に、ご一読ください。

① 本書の記述について ‥‥‥‥‥‥‥‥‥‥‥‥‥‥‥‥‥‥‥

操作の説明のために使用している記号には、次のような意味があります。

記述	意味	例
▢	キーボード上のキーを示します。	Enter
▢ + ▢	複数のキーを押す操作を示します。	Ctrl + C （Ctrl を押しながら C を押す）
《 》	メニューや項目名などを示します。	《開く》をクリック
「 」	入力する文字列や、理解しやすくするための強調などを示します。	「script」を入力する 「メソッド」を利用しました

実習問題 実習問題

構文 [   ] JavaScriptの構文の説明

📄 **解答例** 実習問題の標準的な解答例

 よく起きるエラー エラーになりやすい部分の紹介

(**Reference**) 参考となる情報

② 製品名の記載について ‥‥‥‥‥‥‥‥‥‥‥‥‥‥‥‥

本書では、次の名称を使用しています。

正式名称	本書で使用している名称
Windows 11	Windows
Visual Studio Code	VS Code

③ 学習環境について ・・・・・・・・・・・・・・・・・・・・・・・

　本書は、インターネットに接続できる環境で学習することを前提にしています。インターネットから次のソフトをダウンロードしてインストールし、学習を進めていきます。

```
Visual Studio Code、Google Chrome
```

　本書を開発した環境は、次のとおりです。

OS	Windows 11 Pro（バージョン23H2　ビルド22631.3527）
ソフトウェア	Visual Studio Code 1.91.1 Google Chrome 126.0.6478.128
ディスプレイの解像度	1280×768ピクセル

※本書は、2024年7月時点の情報に基づいて解説しています。
　今後のアップデートによって機能が更新された場合には、本書の記載の通りに操作できなくなる可能性があります。
※Windows 11のバージョンは、■（スタート）→《設定》→《システム》→《バージョン情報》で確認できます。

④ 学習用ファイルのダウンロードについて ・・・・・・・・・・・・

　本書で使用するファイル（プログラム）は、FOM出版のホームページで提供しています。表紙裏の「学習用ファイル・ご購入者特典」を参照して、ダウンロードしてください。ダウンロード後は、表紙裏の「学習用ファイルの利用方法」を参照して、ご利用ください。

⑤ 本書の最新情報について ・・・・・・・・・・・・・・・・・・・・

　本書に関する最新のQ&A情報や訂正情報、重要なお知らせなどについては、FOM出版のホームページでご確認ください（アドレスを直接入力するか、「FOM出版」でホームページを検索します）。

ホームページアドレス	ホームページ検索用キーワード
https://www.fom.fujitsu.com/goods/	FOM出版

※アドレスを入力するとき、間違いがないか確認してください。

第 **1** 章

JavaScriptの概要を理解する

1-1 プログラムの概要

私たちの身の回りはプログラムであふれています。JavaScriptについて知る前に、まずはプログラムが何を指す言葉なのか、プログラムはどうやって作るかなど、基本的な知識をおさえておきましょう。

1-1-1 プログラムとは

プログラムは、コンピュータを制御するための命令の集まりのことで、コンピュータで実行する処理の手順が示されています。プログラムがなければ、コンピュータの電源を入れても何も起こりません。コンピュータにインストールされている（組み込まれている）WindowsやmacOSなどのOS（オペレーティングシステム）、文書作成ソフト、表計算ソフトもプログラムの１つです。ほかにもスマートフォンにインストールして遊ぶゲームアプリケーションや、業務システムに使うサーバに入っている様々なアプリケーションもプログラムです。

文章作成ソフト　表計算ソフト　　　　ゲーム　　　在庫管理アプリケーション　仮想化

パソコン　　　　　　スマートフォン　　　　　　サーバ

　プログラムを使うことで、様々な作業を効率よく行えるようになります。例えば、文書作成ソフトを使うことで体裁の整った文章の作成が容易になったり、表計算ソフトを使うことで複雑な計算も瞬時に行えたりします。

　これを実現しているのは、OSとアプリケーションの２つのプログラムです。文書作成ソフトや表計算ソフトのような、特定の作業をするために作られたプログラムを**アプリケーション（アプリ）**といいます。コンピュータには必ず**OS**と呼ばれるソフトウェアが用意されています。OSはコンピュータを使うための基盤となるプログラムで、キーボードやマウス、メモリ、ストレージなどのハードウェアを制御しており、アプリケーションとハードウェアの仲介役といえます。表計算、文書作成、ゲームなどのアプリケーションは、OSの機能を通してキーボードやマウスからの入力を受け付けたり、画面に表示したりします。

1-1-2 プログラミング言語とは

　ちょっと難しい話をしますが、コンピュータが理解できるのは、**マシン語（機械語）**と呼ばれる言語のみです。しかし、マシン語は0と1だけで表現されており、人間が理解できるような形式にはなっていません。そこで、人間が理解しやすい言葉でコンピュータに指示をできるようにと作られたものが、**プログラミング言語**です。

　マシン語のプログラムを**ネイティブコード**といい、プログラミング言語を使って書いたプログラムを**ソースコード**といいます。プログラムを実行する際は、ソースコードからネイティブコードへの変換が必要になります。

　つまり、プログラミング言語はソースコードを記述するための言語なのです。また、プログラミング言語を使ってソースコードを記述することを、**プログラミング**といいます。

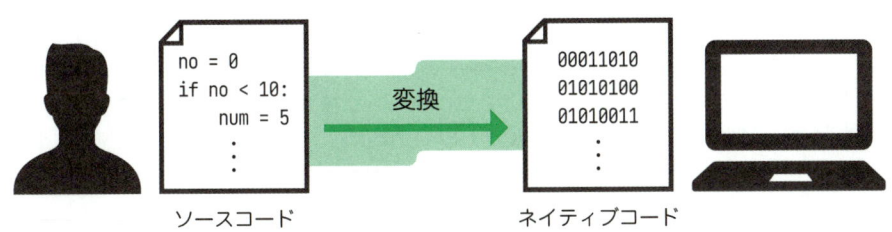

```
no = 0
if no < 10:
    num = 5
    ⋮
```
ソースコード

変換

```
00011010
01010100
01010011
   ⋮
```
ネイティブコード

> マシン語しかなかった時代は、0と1だけでコンピュータへの命令を作っていたから、現代のように複雑な命令は作れなかったそうだよ。

● プログラムの変換および実行方法

　ソースコードを変換する方法は、大きく分けて**コンパイラ**と**インタープリタ**の2つです。

　コンパイラは、読み込んだソースコードをまとめてネイティブコードに変換（**コンパイル**といいます）し、そのあと実行します。

コンパイラ

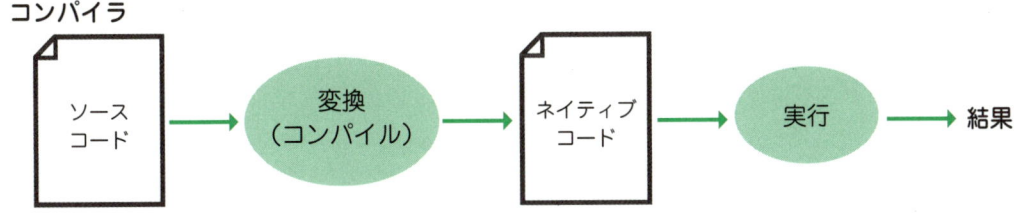

ソースコード → 変換（コンパイル） → ネイティブコード → 実行 → **結果**

これに対して、インタープリタは読み込んだソースコードを1行ずつ変換しながら実行します。

インタープリタ

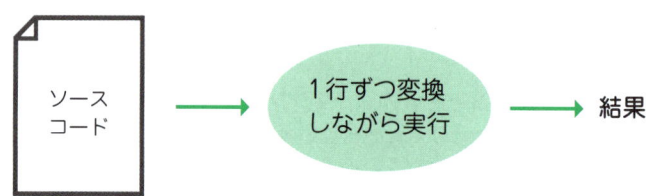

コンパイラはソースコードをまとめて変換するため、実行するまでに時間がかかりますが、プログラムの実行速度は速い点がメリットです。インタープリタは、変換しながら実行するため実行速度はコンパイラに劣りますが、ソースコードを書いてすぐに実行できるため（コンパイラのように変換の待ち時間がないため）、ソースコードの動作確認と修正をしやすいといえます。

コンパイラとインタープリタという難しい話をしましたが、JavaScriptは、ソースコードを書いてすぐに実行できるというのが最大のメリットになります。

JavaScriptはインタープリタ型のプログラミング言語だから、ソースコードを変換する待ち時間がない点がメリットの1つだよ。

1-1-3 プログラムを開発する流れ

　ここでは、プログラムを開発する際の一般的な流れについて説明します。本格的にプログラミングするときには、このような手順が必要になりますが、JavaScriptの基礎知識を習得する際には必要ありません。

　プログラムを開発するときは、いきなりプログラミングをはじめるのではなく、どんな機能を作るのか、どういった処理の流れ（プログラムを実行する順序）にするのかなどを決める必要があります。また、プログラムを作ったあとは、想定通りに動くかどうかのテストも必要です。この流れを整理すると、次の図の4段階となります。

　①の仕様検討では、プログラムで何を解決したいか（紙で管理していたデータをコンピュータで管理したい、事務作業を自動化したい、古くなったアプリを新しくしたいなど）、どんなアプリを作りたいかをまとめます。仕様検討はプログラマ（プログラミングを行う人）のみで行うこともあれば、ユーザー（実際にプログラムを使う人）とプログラマが協力して行う場合もあります。また、どんなアプリを作るかをまとめた資料は**仕様書**と呼ばれます。

　②の設計では、プログラマが仕様書を基にどのプログラミング言語を使うかを決め、どのような処理の流れにするかをまとめます。処理の流れをまとめた資料は、**設計書**と呼ばれます。

　設計書ができたところで、③のプログラミングをはじめます。設計書にまとめた処理の流れになるようにプログラムを作っていきますが、適宜**デバッグ**と呼ばれる作業を行います。デバッグとは、プログラムの**バグ**（プログラムコードの誤りや欠陥）を見つけて修正する作業のことです。ソースコードを変換・実行して、意図した通りの処理が実行されているかを確認し、問題があった場合はソースコードを修正します。

　④のテストでは、完成したプログラムが仕様書にまとめた内容を実現できているかどうかを確認します。ユーザーにプログラムをテストしてもらい、仕様を満たしていない場合はプログラムを修正します。テストで問題ないことが確認されたあとは、プログラムを**納品**（完成したプログラムを依頼者に渡す）して開発が完了します。

> 規模が小さいプログラムの場合、仕様を考えたあと設計はせずにプログラミングをはじめることもあるよ。

1-2 JavaScript の概要

JavaScriptは、プログラム開発者にもっとも人気のあるプログラミング言語の1つです。ソフトウェア開発やスマホアプリ開発など、幅広く利用されています。ここでは、そんなJavaScriptの魅力や可能性を紹介します。

1-2-1 JavaScript とは

🟢 JavaScript と ECMAScript

JavaScriptは1995年に、Netscape NavigatorというWebブラウザーを開発していた「Netscape Communications社」によって開発されたプログラミング言語です。Webページにちょっとしたアニメーションを実装したり、ユーザーの操作に反応できる機能を追加したりすることが可能な言語として開発され、Web制作者の間で人気が出ました。

> 誕生当時はLive Scriptという名前だったけれど、「Java」というプログラミング言語に影響を受けてJavaScriptという名前に変わったよ。ただし、JavaとJavaScriptは全く関係のないプログラミング言語なので注意しよう。

当時、WebブラウザーにはNetscape Navigatorのほかに、Microsoftが開発するInternet Explorerなど、いくつかの種類がありましたが、各社がバラバラにプログラミング言語を開発していたため、Web制作者は混乱してしまいました。

そこで、1997年にヨーロッパの標準化団体である「Ecma International（エクマ・インターナショナル）」によって、「標準化」という作業が行われました。標準化が行われると、Webブラウザーの開発者達はその標準仕様に沿って実装をすればよいことになるため、共通のプログラムが動作するようになります。

こうしてJavaScriptは「ECMAScript（エクマスクリプト）」という規格の名前で標準化され、ますます人気を得て、ソフトウェア開発やスマホアプリ開発など、幅広く利用することができるようになったというわけです。

1-2-2 クライアントサイドでのJavaScript

先の通り、JavaScriptは現在様々な環境で動作させることができますが、本書で扱うのはWebブラウザー上で動作するJavaScriptです。これを「クライアントサイドのJavaScript」と呼びます。

> クライアント（Client）は、「顧客」「依頼主」といった意味で、Webブラウザーがネット上で「サーバ（Server：提供者といった意味）」から情報を受け取ることからこう呼ばれるよ。

例えば、下のようなWebページを見てみましょう。

メニューの開閉ボタンをクリックすると、開いたり閉じたりすることができます。このとき、ユーザーがボタンをクリックすることに反応してWebページに変化を与えるのが、JavaScriptの役割です。

JavaScriptは、Webページを形作るHTMLやCSSをその場で書き換えることができます。そのため、ユーザーの操作に応じてWebページの内容を変化させたり、時間が来たらプログラムを動作させたりといったことが可能になります。

1-2-3 JavaScriptのバージョン番号

　JavaScriptやその基となるECMAScriptは、新しい機能が追加されたり、改良されたり、または利用されなくなった機能が削られたりなどして、毎年少しずつ変化しています。このとき、「バージョン（判やエディションともいいます）」という番号が順番に割り振られて管理されています。

　2024年4月時点の最新のバージョンは14で、これを「ECMAScript 14」や、「ES14」と呼びます。また、数字ではなく改訂された年号を使って「ES2023」などと呼ぶこともあります。

ES6以降は毎年改訂されるように変化

　下の年表を見るとわかる通り、ECMAScriptは2011年の5.1から2015年の6まで、4年間改訂がありませんでした。そしてその後は一転、毎年新しい規格が策定されています。

　これはES5.1からES6（ES2015）を改訂するときに、それまでの仕様や策定方法を大きく見直し、大幅な仕様変更を行ったため、ECMAScriptはこのバージョンを境に仕様が大きく変化しました。

　そして、それ以降は現在まで、毎年仕様が改訂されています。

バージョン	公開日	概要
3	1999年12月	例外処理などの追加
4	–	放棄
5	2009年12月	Strict modeによる厳密モードの定義。JSONオブジェクトの追加など、大規模な機能強化
5.1	2011年6月	5の微修正
2015	2015年6月	クラスやアロー演算子の追加など、大規模な機能強化

バージョン	公開日	概要
2016	2016年6月	べき乗演算子の追加など、小規模な機能強化
2017	2017年6月	Object.valueメソッドの追加など、小規模な機能強化
2018	2018年6月	オブジェクトに対しスプレッド構文・レスト構文が使用可になる、promise分のfinally文など、小規模な機能強化
2019	2019年6月	各文法の小規模な機能追加
2020	2020年6月	クラス定義でprivateメンバーが使用可能になるなど、小規模な機能追加
2021	2021年6月	論理代入演算子（||=、&&=、??=）、数値セパレーター（1_000_000）、string.replaceAll()、Promise.any()、弱参照（WeakRefs）など、小規模な機能追加

　では、私たちは改訂が行われるたびに、毎年新しいことを覚えなければならないのでしょうか？　実際には、そこまで焦る必要はありません。ECMAScriptの仕様が改訂された場合、まずはWebブラウザーの開発者（ベンダーといいます）が、新しい仕様に合わせて実行エンジンを作り替える必要があります。

　そのため、Webブラウザーが新しい仕様に対応するまでは、新しい仕様を使うことができません。さらに、Webブラウザーが作り替えられたとしても、利用しているユーザーがWebブラウザーの新しいバージョンにバージョンアップをしなければなりません。

　多くのユーザーがバージョンアップするまでは時間がかかりますし、企業などの場合は勝手なバージョンアップ作業が禁止されているなどで、古いバージョンを使い続けるケースもあります。そのため、新しい仕様ができたからといって、すぐに新仕様のECMAScriptを使ってしまうと、Webページを利用できないユーザーが出てしまいます。そのため、新しい仕様を常に追いかけ続ける必要はありません。

アプリケーションも作れるJavaScript

1-2-4

　本章の冒頭でもご紹介した通り、現在JavaScriptはWebブラウザーの枠を超えて、ソフトウェアやアプリなど、様々なものを開発することができるようになりました。主な例を紹介します。

● Node.js（ノードジェイエス）

　JavaScriptの躍進にもっとも貢献したのが、「Node.js」という「実行環境（Runtime Environment）」です。「JavaScriptをどこでも動作させる（Run JavaScript Everywhere）」をコンセプトに、それまではWebブラウザーがなければ動作しなかったJavaScriptを、コンピュータやサーバ上など、様々な場所で動作させることができるようになりました。

　また、Node.js上で開発されたソフトウェア（パッケージと呼びます）を、簡単にインストール、管理

できる「Node Package Manager」という管理ツールや、パッケージを公開、管理できる同名サイトを利用することで、様々なツールを手軽に入手できるようになりました。これについては6-1-3で改めて紹介します。

現在では、Web開発やソフトウェア開発などでも、Node.jsを利用した開発事例が非常に多く、プログラマの必須ツールとなっています。

Electron（エレクトロン）

JavaScriptでWindowsやmacOS、Linuxなどの各OS（基本ソフト）向けのアプリケーションを開発できる技術です。下図のようなソフトウェアがElectronをベースに開発されています。

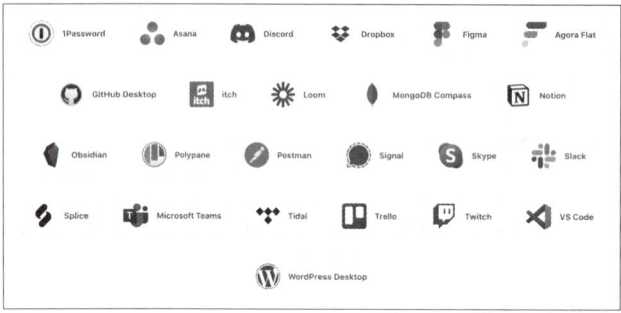

Electronは、通常のソフトウェアに比べると動作速度は遅くなってしまうため、ゲームソフトや動作速度が求められるソフトの開発には向きませんが、エディターソフトやコミュニケーションツール、情報管理ツールなど、激しい動きが求められないアプリケーションには最適な開発環境です。

React Native（リアクト・ネイティブ）

iOSやAndroidなどの、スマートフォン向けのアプリ開発をするための技術です。Facebookなどを開発するMeta社が、同社の「React（リアクト）」（6-1-1でも紹介）という技術をベースに開発したもので、JavaScriptを利用して各スマートフォン向けのアプリを開発することができます。

スマートフォンアプリ開発にはこのほかにも、Flutter（フラッター）やIonic（アイオニック）などもあります。

そのほかの技術

そのほかには、次のような技術もあります。

技術	内容
UWP（Universal Windows Platform）	Microsoftが提唱するマルチプラットフォーム
PWA（Progressive Web Application）	Webブラウザー上から直接インストールすることができるアプリ

第 2 章

JavaScriptの
環境構築を行う

2-1 JavaScript の開発に必要なソフトウェア

JavaScriptのプログラムを動かすには、基本的に2種類のアプリケーションが必要です。ここでは、主要なツールやインストール方法を解説しますので、実際に試してみてください。

2-1-1 JavaScriptの開発に必要なソフトウェア

JavaScriptのプログラムを記述して実行するためには、テキストを記述するためのテキストエディターと呼ばれるアプリケーションと、プログラムの動作確認を行うためのWebブラウザーと呼ばれるアプリケーションが必要です。JavaScriptを用いたWebページの作成では、テキストエディターを使用して、HTMLドキュメント内にプログラムを記述します。HTMLドキュメントを保存し、Webブラウザーで開くことで、JavaScriptの操作を確認できます。

Visual Studio Code

Visual Studio Code (VS Code) は、Microsoft社が提供する高機能なテキストエディターです。拡張機能を追加することで、VS CodeだけでJavaScriptのプログラムを記述から実行まで行えます。プログラムの記述と実行を行えるアプリケーションをIDE (Integrated Development Environment、総合開発環境) と呼びますが、それと比較して動作が軽量なこともあり、プログラミングにおいて広く使われています。

https://code.visualstudio.com/

Google Chrome

Google Chromeは、Google社が開発したWebブラウザーです。JavaScriptプログラムを記述したHTMLドキュメントをGoogle Chromeで開くと、Webページの確認と閲覧や、JavaScriptの動きの確認ができます。また、Google Chromeには、JavaScriptの開発支援ツール「デベロッパーツール」が標準で搭載されており、プログラムの解析やデバッグが行えます。

Webブラウザーには様々な種類がありますが、本書では統一してGoogle Chromeを使用します。なお、JavaScriptの動作はWebブラウザーの種類によって異なるため、一般的には複数種類のブラウザーで動作確認します。

https://www.google.com/intl/ja_jp/chrome/

2-2 環境構築

本書では、JavaScriptを作成する際のテキストエディターに「Visual Studio Code」を使用します。ここでは、開発環境を構築し、プログラムを書いて動作確認するまでの方法を解説しますので、実際に試してみてください。

2-2-1 Visual Studio Code のインストール

Visual Studio Code（VS Code）をインストールするには、公式ページ（https://code.visualstudio.com）からインストーラをダウンロードします。なお、本書では執筆時点（2024年7月）での最新のバージョンでインストールを進めます。

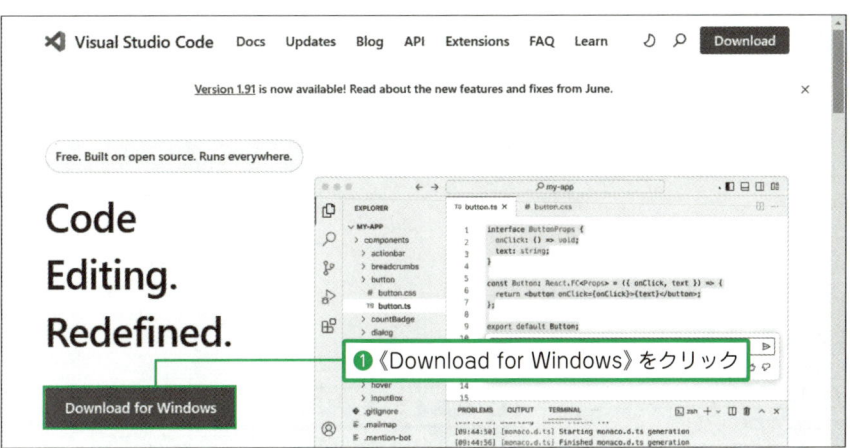

❶《Download for Windows》をクリック

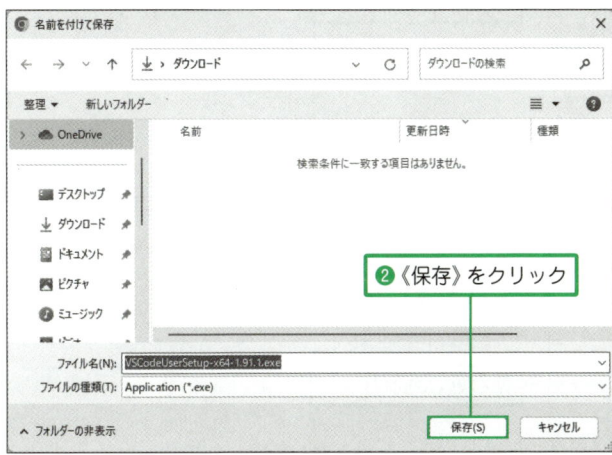

❷《保存》をクリック

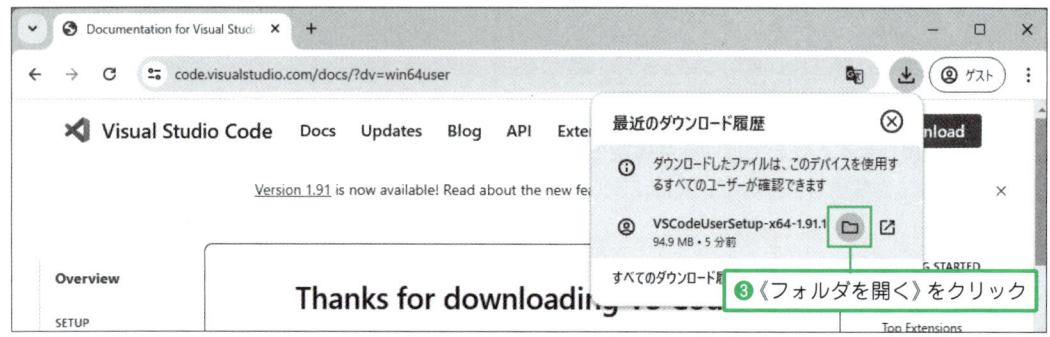

❸《フォルダを開く》をクリック

　なお、この画面はGoogle Chromeでの操作例になります。そのほかのWebブラウザーの場合は、この操作のように、直接ファイルを実行するのではなく、フォルダを開くように操作してください。エクスプローラーでダウンロードしたインストーラを開いたら、画面に従ってインストールを進めます。

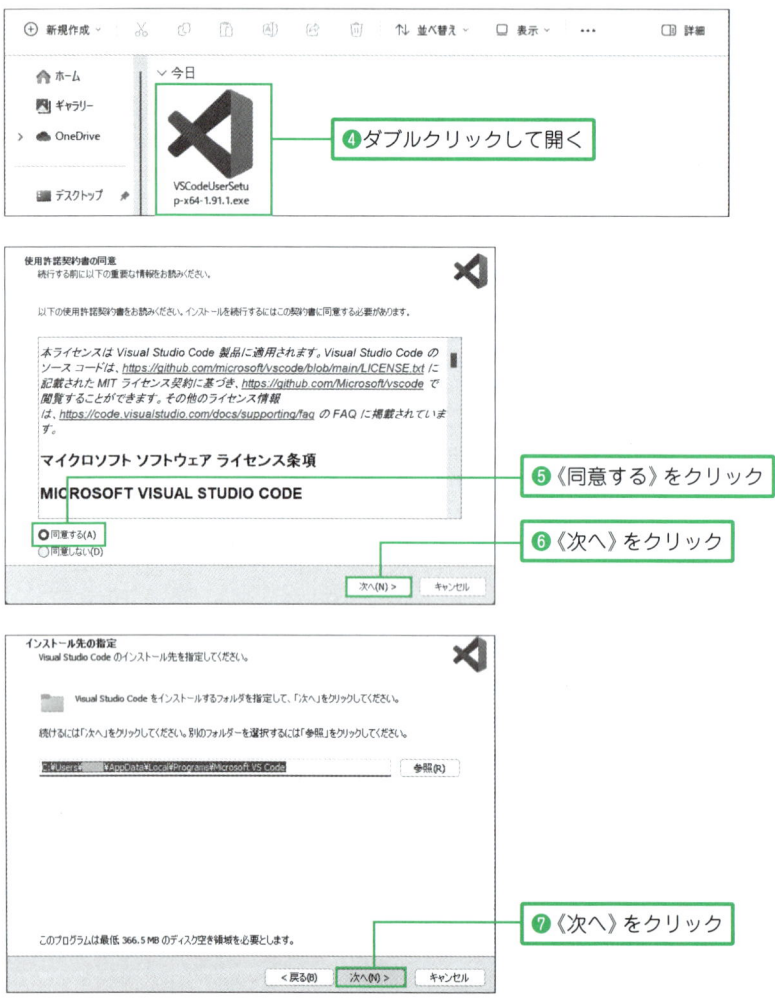

❹ダブルクリックして開く

❺《同意する》をクリック

❻《次へ》をクリック

❼《次へ》をクリック

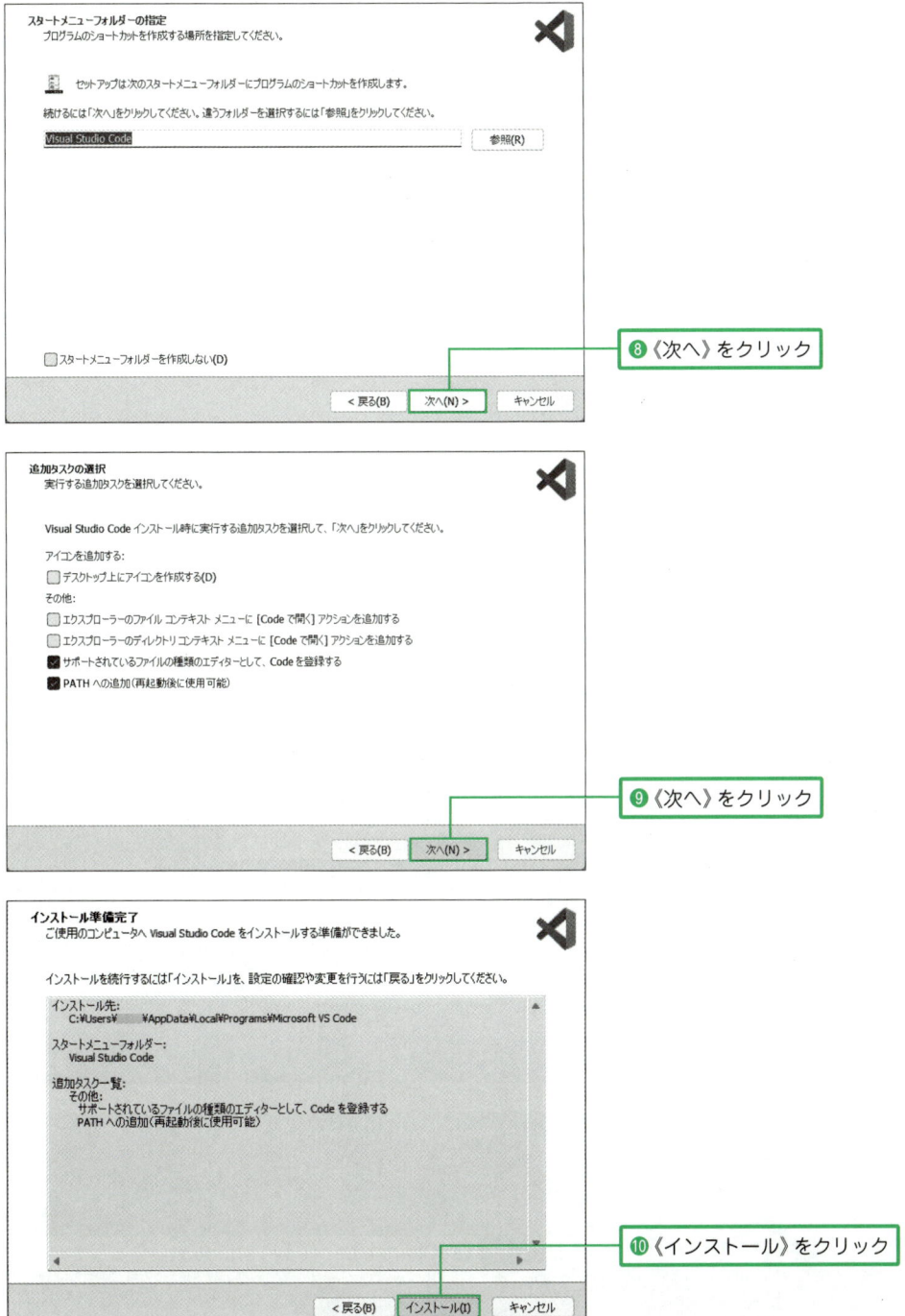

⑧《次へ》をクリック

⑨《次へ》をクリック

⑩《インストール》をクリック

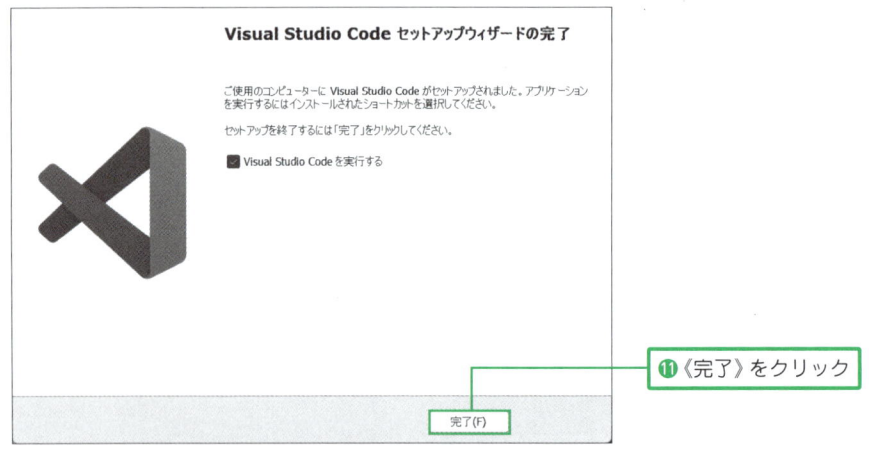

⓫《完了》をクリック

インストールが完了した後、最後の画面で《Visual Studio Codeを実行する》にチェックを付けておくと（デフォルトでチェックが付いている）、インストーラを閉じた後にVS Codeが起動します。

🟢 拡張機能のインストール

VS Codeをより便利に利用するために、「Japanese Language Pack for Visual Studio Code」（日本語表示の拡張機能）と「Live Preview」（VS Code上でWebサイトをプレビューする拡張機能）を追加します。

❶《Extensions》をクリック
❷「Japanese Language Pack」と入力
❸《Install》をクリック

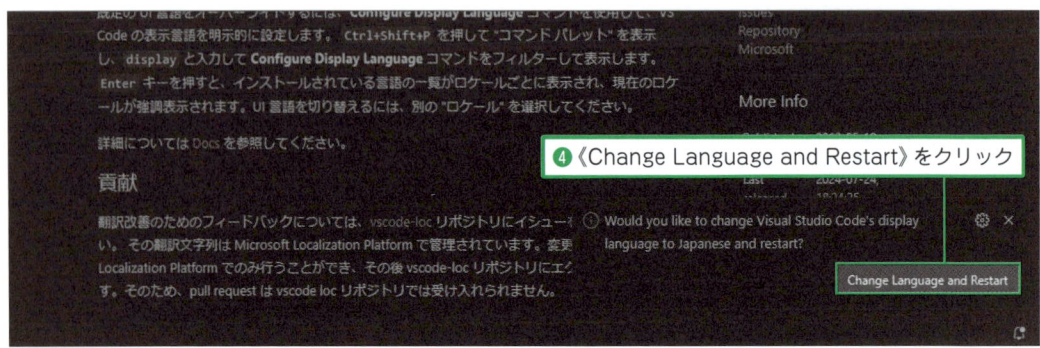

❹《Change Language and Restart》をクリック

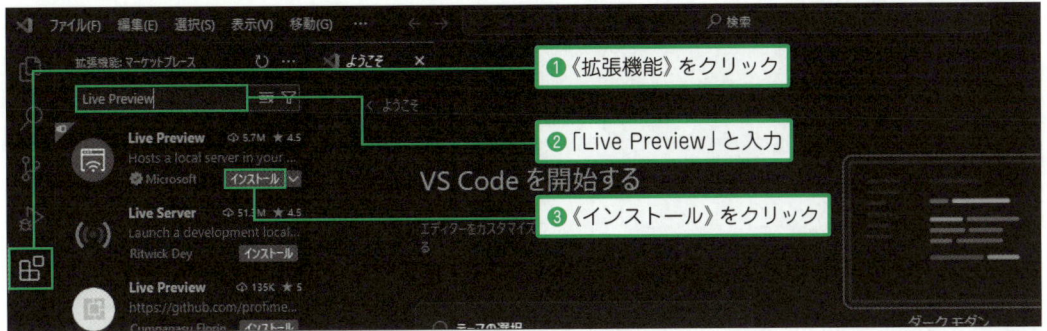

2-2-2 Visual Studio Codeで JavaScriptのプログラムを実行する

VS CodeでHTMLドキュメントを開き、Live PreviewでWebサイトのプレビューを表示してみます。

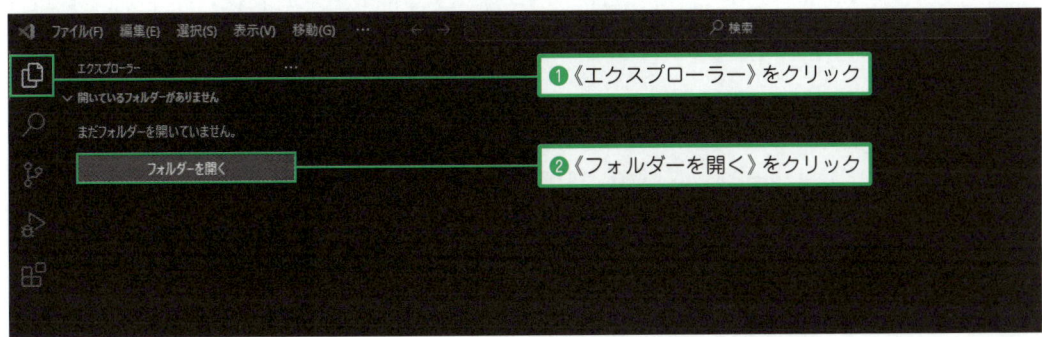

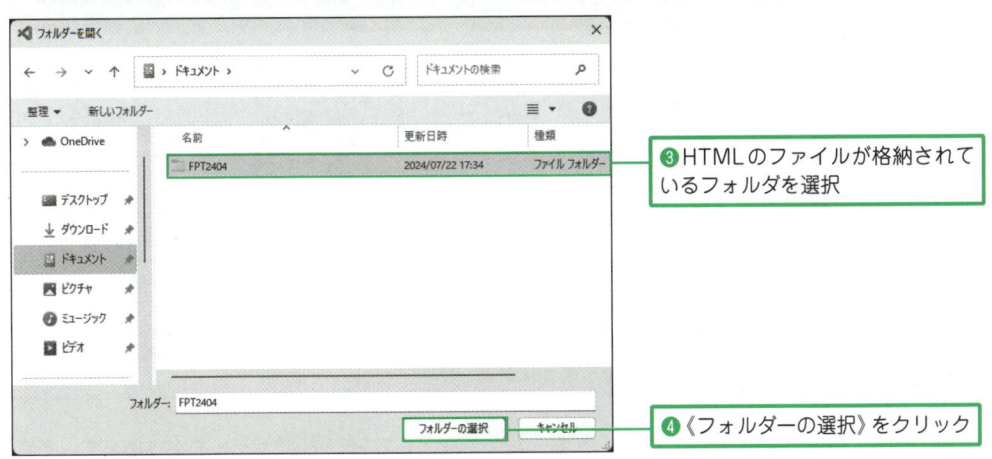

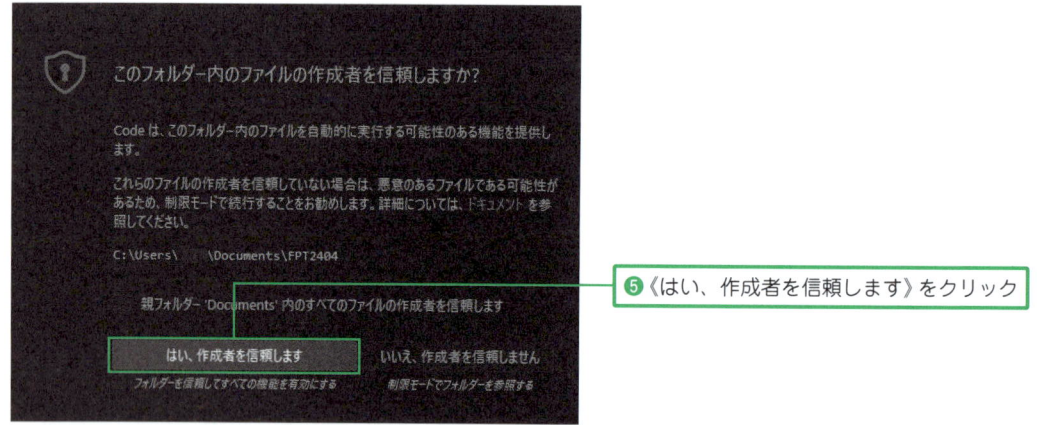

⑤《はい、作成者を信頼します》をクリック

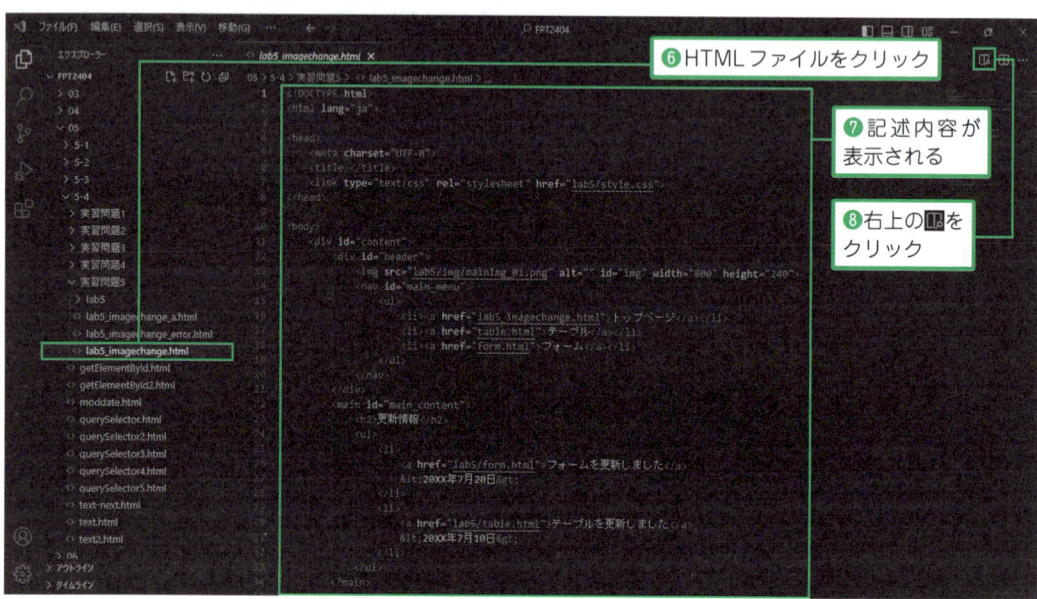

⑥HTMLファイルをクリック

⑦記述内容が表示される

⑧右上の▶をクリック

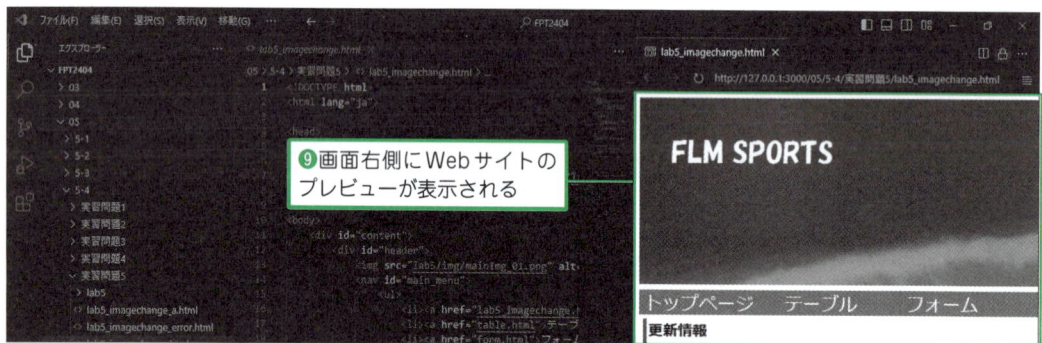

⑨画面右側にWebサイトのプレビューが表示される

　　VS Codeでは、JavaScriptのプログラムを書き加えるなどしてHTMLファイルを書き換えて、そのまますぐに実行することも可能です。画面右上に表示されている▶をクリックすると、プログラムが実行され、画面右にプレビュー画面が表示されます。[Ctrl]＋[S]キーを押すと、ファイルを保存できます。

第3章

JavaScriptの作成と基本文法

3-1 <script> タグ

Webページで JavaScript を利用する場合、もっとも手軽な方法として HTML の文書内に直接プログラムを埋め込んでしまうという方法があります。これには、HTMLタグの「<script>」を利用します。

3-1-1 HTMLを準備する

まずは、HTMLの基本的なタグを書き込んだファイルを準備しましょう。Visual Studio Code（VS Code）を起動します。《ファイル》→《新しいテキストファイル》の順にクリックしてエディターを開いたら、最初に Ctrl + S キーを押して（または《ファイル》→《名前を付けて保存》の順にクリックして）ファイルを保存しておきましょう。

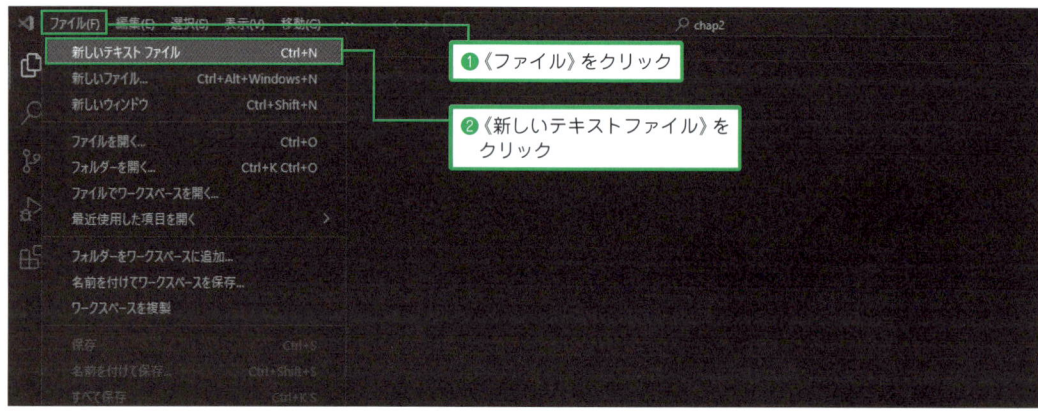

❶《ファイル》をクリック

❷《新しいテキストファイル》をクリック

ここでは、「alert.html」というファイル名で保存します。保存が完了したら、次の内容を記述しましょう。

プログラム：alert.html

```
01 <!DOCTYPE html>
02 <html lang="ja">
03
04 <head>
05     <meta charset="UTF-8">
06     <title></title>
07 </head>
08
```

```
09  <body>
10  </body>
11
12  </html>
```

これ以降のサンプルプログラムでは、HTMLのタグの記載は省略するため、これと同じコードを利用していきましょう。

3-1-2 <script> タグを追加する

HTMLのファイルを準備できたら、<script> タグを追加しましょう。<script> タグは上記HTMLの基本的なタグのうち、<body> タグの中、とくに最後の終了タグ（</body>）の直前に記述されることが多いです。

先に行っておきたい処理は<head>タグの中に書くことが多いよ。

10〜12行目に、次のように警告ウィンドウを表示するJavaScriptを書き加えてみましょう。

```
09  <body>
10      <script>
11          alert("JavaScriptが実行されました");
12      </script>
13  </body>
```

　このHTMLファイルをWebブラウザーで確認すると、図のようなウィンドウが表示され、メッセージを確認できます。

　こうして「<script>」タグを記述することで、JavaScriptを埋め込むことができます。

プログラムの内容を確認する

　それでは、「<script>」タグの内容として記述した内容を見ていきましょう。

```
11          alert("JavaScriptが実行されました");
```

　このプログラムを実行すると、上図のような「警告ウィンドウ（アラートウィンドウ）」という小さなウィンドウがブラウザー上に表示されます。これは、Webブラウザーに搭載されている標準的な機能で、ウィンドウの形状や位置などは、Webブラウザーの種類によって変わります。ここで利用しているGoogle Chromeの場合は、画面の上部に表示されます。
　ここでは、「alert」という「メソッド」を利用しました。JavaScriptでは、次のような書式でプログラムを記述することができます。

構文	メソッド (パラメータ);

　メソッドの後には、必ずカッコが続き、その中に「パラメータ」を指定します。ここでは、「警告ウィンドウに表示する内容」として「"JavaScriptが実行されました"」というメッセージを指定しました。これにより、パラメータに指定したメッセージが警告ウィンドウに表示されます。

　各メソッドには、どのようなパラメータをどのような順番で指定するかが決められています。そのため、プログラムを作成するときには、各メソッドのルールに沿ってパラメータを指定する必要があります。

3-1-3 JavaScriptの外部ファイル化

　HTMLの中に＜script＞タグを埋め込む方法（埋め込みスクリプト）は手軽な半面、HTMLと JavaScriptが混ざってしまったり、ファイルが肥大化してしまったりするなどのデメリットもあります。

　そこで、JavaScriptをHTMLとは別の単独のファイルとして作成し、HTMLからはそのファイルを 読み込むという形で分離する方法があります。さっそくやってみましょう。まずは、JavaScriptのファ イルを準備しましょう。ここでは「test.js」とします。

> JavaScriptのファイルは拡張子（ドットの後の英数字）を「.js」とするよ。

プログラム：test.js

```
01  alert("外部ファイルから実行しています");
```

　そして、このファイルをHTMLで参照するには、同じく「＜script＞」タグを利用します。ただし、「src」 という属性を付加して、ここに外部ファイルの場所を指定します。「alert2.html」の10行目に次のよ うに書き加えましょう。

プログラム：alert3.html

```
09  <body>
10      <script src="test.js"></script>
11      <script>
12          alert("JavaScriptが実行されました");
13      </script>
14  </body>
```

　実行すると、最初に「外部ファイルから実行しています」と警告ウィンドウに表示され、《OK》をクリッ クすると、次に3-1-2と同様の「JavaScriptが実行されました」という警告ウィンドウが表示されます。 外部のスクリプトと埋め込みスクリプトが続けて動作していることがわかります。

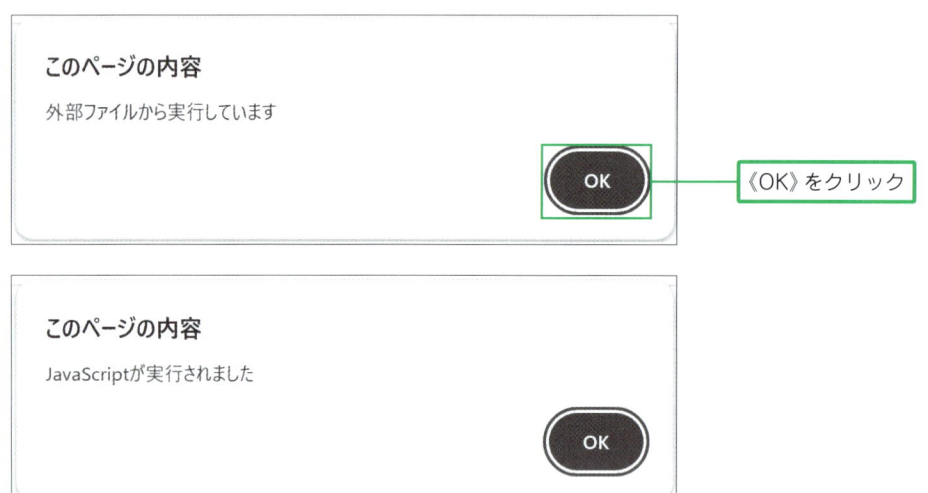

このページの内容

外部ファイルから実行しています

OK ── 《OK》をクリック

このページの内容

JavaScriptが実行されました

OK

Reference

埋め込みスクリプトと外部ファイルは分けて書く

埋め込みスクリプトと、外部ファイルを同じHTMLファイルの中に記述する場合、次のように1つの「<script>」タグで記述することはできません。

プログラム：alert4.html

```
10    <script src="test.js">          ── 実行される
11        alert("JavaScriptが実行されました");  ── 無視される
12    </script>
```

このように、src属性が付加された<script>タグの中にJavaScriptを記述しても、中に書いたJavaScriptは無視されてしまいます。このような場合は、<script>タグを分けて書きましょう。

プログラム：alert5.html

```
10    <script src="test.js">          ── 外部ファイル：実行される
11    <script>
12        alert("JavaScriptが実行されました");  ┐
13    </script>                              ├ 埋め込みスクリプト：実行される
```

3-1-4 <noscript>タグ

　Webサイトの閲覧環境によっては、JavaScriptが動作できない場合や、あえて機能を無効にしているユーザーがいます。その際、JavaScriptが動作しないとWebページが正常に閲覧できないという状態になってしまうのは問題なので、代替手段を準備する必要があります。

　これに利用できるのが「<noscript>」というタグです。「alert2.html」の13行目に次のように書き加えましょう。

プログラム：alert6.html

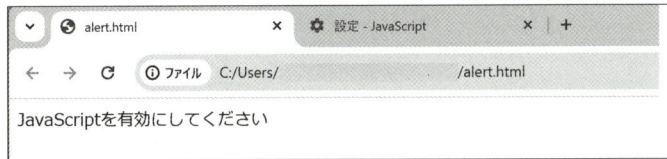

```
10      <script>
11          alert("JavaScriptが実行されました");  ─────── JavaScriptが有効の環境で実行
12      </script>
13      <noscript>JavaScriptを有効にしてください</noscript> ─── JavaScriptが無効の環境で実行
```

　このページにJavaScriptが利用できない環境でアクセスすると、図のようなメッセージが画面に表示され、プログラムは実行されません。JavaScriptが必要なWebページの場合は、このような対処をしておきましょう。

実習問題①

　HTMLを実行すると、Webブラウザーに「これから、JavaScriptの実習を始めます」という警告ウィンドウが表示されるプログラムを作成してください。

実行結果

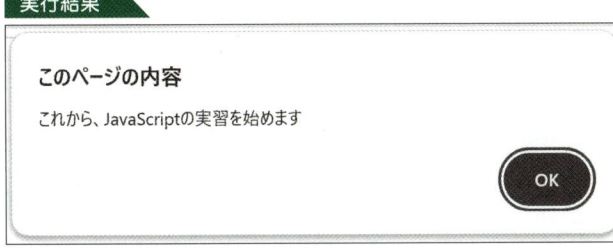

このページの内容

これから、JavaScriptの実習を始めます

OK

- 実習ファイル ：lab1_alert.html
- 補足 ：HTMLドキュメントにJavaScriptを埋め込むには、<script>タグが必要です。
- 処理の流れ
  1. <script>〜</script>の中に「2.」の処理のJavaScript命令文を追加する。
  2. "これから、JavaScriptの実習を始めます"と表示する。

解答例

プログラム：lab1_alert_a.html

```
10    <!--ここにscriptタグを記述します-->
11    <script>
12        alert("これから、JavaScriptの実習を始めます");
13    </script>
```

解説

10	<!--ここにscriptタグを記述します-->
11	<script>タグを開始する。
12	「これから、JavaScriptの実習を始めます」というメッセージを警告ウィンドウで表示する。
13	</script>タグを終了する。

JavaScriptを記述する場合、「<script>」タグをHTMLの中に埋め込んで、このタグの中にJavaScriptのプログラムを記述します。

 ## よく起きるエラー① ・・・・・・・・・・・・・・・・・・・・・・・・

<script>タグを正しく記述しないと、JavaScriptのプログラムが正しく動作せず、画面にプログラムソースがそのまま表示されてしまいます。

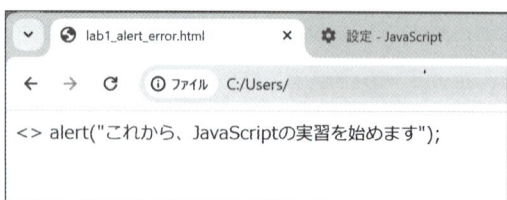

プログラム：lab1_alert_error.html

```
10    <!--ここにscriptタグを記述します-->
11    <> ————————— <script>タグが正しく記述されていない
12        alert("これから、JavaScriptの実習を始めます");
13    </> ————————— </script>タグが正しく記述されていない
```

- エラーの発生場所：11行目「<>」
  　　　　　　　　：13行目「</>」
- 対処方法　　　　：11行目の「<>」の中に「script」を入力する。
  　　　　　　　　　13行目の「</」と「>」の間に「script」を入力する。

 ## よく起きるエラー② ・・・・・・・・・・・・・・・・・・・・・・・・・・・・・・・

プログラムを打ち間違えてしまうと、画面には何も表示されません。

プログラム：lab1_alert_error2.html

```
10    <!--ここにscriptタグを記述します-->
11    <script>
12        arert("これから、JavaScriptの実習を始めます");
13    </script>
```
　　　　　　　　　　　　　　　　　　　　　「alert」のスペルが違う

- エラーの発生場所　　　：12行目「arert」
- 対処方法　　　　　　　：12行目の「arert」のスペルミスを修正する（「r」を「l」にする）。

　ここでは、「alert」のスペルの「l」と「r」を打ち間違えてしまい、スペルミスをしています。この場合、画面には何も表示されませんが、Google Chromeの「デベロッパーツール」を利用すると、エラーの内容を確認できます。デベロッパーツールは、Google Chromeの画面右上の⋮（Google Chromeの設定）ボタンをクリックし、《その他のツール》→《デベロッパーツール》の順にクリックすると、表示されます（キーボードの F12 キーを押すことでも表示させることができます）。横長の画面で使った方が使いやすいため、本書ではデベロッパーツールを画面下部に表示させています（表示場所の移動や使い方の詳細、各タブの説明などは6-2参照）。

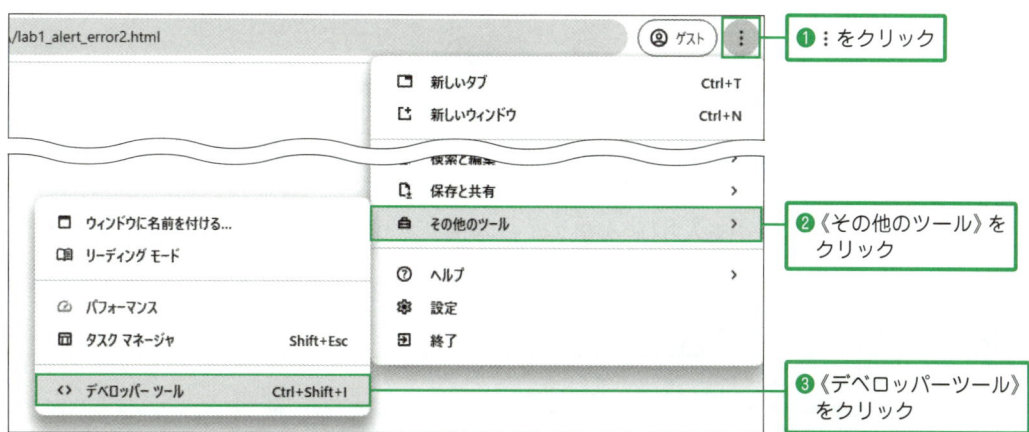

　エラーがあると、右上に赤い「×」マークが表示されます。これをクリックすると、デベロッパーツールの下部に「コンソール」が表示されるので、そこでエラーの内容を確認します。

エラーは英文で表示されるため少し読みにくいですが、エラーが発生した箇所の周辺などを確認して間違いを見つけ、修正して再度実行してみましょう。ここでは、「arert」という文字が定義されていないことによるエラーだということがわかります。

 実習問題②

script.jsというファイルを準備し、次のプログラムを作成します。

プログラム：script.js

```
01  alert("外部ファイルの処理を実行");
```

このファイルをHTMLから読み込んで、警告ウィンドウが表示されるようにしましょう。

実行結果

- **実習ファイル**　　　 ：lab2_exFile.html
- **処理の流れ**
  1. lab2_exFile.htmlにコードを入力し、外部ファイル読み込みの設定をする。

📄 **解答例**

プログラム：lab2_exFile_a.html

```
10      <!-- 外部ファイルの参照 -->
11      <script src="script.js"></script>
```

解説

```
10      <!-- 外部ファイルの参照 -->
11      script.jsを読み込んで実行する。
```

3-2 JavaScript のコーディング規約

JavaScriptでプログラミング（コーディングともいいます）をする際は、JavaScriptの規約（ルール）に従って記述する必要があります。いくつか紹介します。

3-2-1 大文字と小文字を正しく記述する

JavaScriptでは、変数やメソッドなどの大文字と小文字が厳密に区別されます。例えば、3-1で紹介した次のプログラムを見てみましょう。

プログラム：alert.js（確認用ファイル：alert.html）
```
01  alert("JavaScriptが実行されました");
```

> 実際に動作を確認する場合は、学習用ファイルに同梱の各HTMLファイルを、Webブラウザーで開いてみましょう。

このとき、「alert」はすべて小文字で記述する必要があり、先頭を大文字などで記述してしまうと、動作しなくなってしまいます。

プログラム：alert2.js（確認用ファイル：alert2.html）
```
01  Alert("JavaScriptが実行されました");
```

また、メソッド（4-1参照）の種類によっては、次のように大文字と小文字を混ぜて記述することがあります。

```
document.getElementById(…
```

この場合も、大文字と小文字は厳密に区別されるため、「E」と「B」と「I」だけを大文字にし、それ以外を小文字で記述しなければなりません。

「getElementById」のように、先頭の文字だけ小文字でほかの単語の区切りの先頭を大文字にする記述方を「キャメル式」と呼ぶよ。Camel（ラクダ）のこぶのように所々が大文字になっているところから、この名前が付けられたよ。

3-2-2 「//」から始めた行、「/* */」で囲まれた行はコメントとして無視される

プログラムソースの中に、次のような記述があると実行時に無視されます。

```
01  // これは、1行分のコメントです。プログラムの実行時は無視されます。  ← 無視される
02
03  /*
04  これは、複数行のコメントです。                                      ── 無視される
05  同じく実行時には無視されます。
06  */
```

これを「コメント」といい、プログラムコードの中にメモを残しておいたり、ほかの開発メンバーにもわかりやすいように、プログラムの内容を説明したりするのに利用されます。

Reference

行の最後にセミコロン（;）を付加する場合が多い

JavaScriptでは、行の最後にセミコロンを付加することが多いです。

プログラム：alert.js（確認用ファイル：alert1.html）
```
01  alert("JavaScriptが実行されました");  ← セミコロン
```

このセミコロンは、省略することもできます。

プログラム：alert3.js（確認用ファイル：alert3.html）
```
01  alert("JavaScriptが実行されました")
```

ただし、省略している行と省略していない行が混在してしまうと、わかりにくいプログラムになってしまうため、どちらかで統一するとよいでしょう。本書では、セミコロンを省略せずに記述していきます。

3-2-3 コーディングスタイル

　コーディング規約と合わせて意識したいのが、「コーディングスタイル」です。規約と違って、とくに従わなくてもエラーになることはなく、動作に影響はありませんが、スタイルを統一しておくと、チーム開発などで見やすいプログラムを作れたり、保守がしやすくなったりします。

1行の長さ

　プログラムの内容によっては、1つの処理の長さが非常に長くなってしまうことがあります。例えば、次の例を見てみましょう。

```
01  処理(パラメータ1, パラメータ2, パラメータ3, パラメータ4, パラメータ5, ...);
```

　このように、1行が長くなってしまうと、ソースコードを見るときに、画面幅よりも広くなって後ろの方が横スクロールをしないと読めない、といったことがあります。

　そこで、次のようにカンマの後で改行をすると読みやすくなります。

```
01  処理(
02  パラメータ1,
03  パラメータ2,
04  パラメータ3,
05  パラメータ4,
06  パラメータ5,
07  ...
08  );
```

　改行を入れられる箇所は決まっているので注意が必要だよ。命令の途中などで改行するとエラーになってしまうので、カンマの後などに入れるのがおすすめ。

インデント（字下げ）

　プログラミング言語では、カッコなどの中で改行する場合はインデント（字下げ）をするのが一般的です。例えば、先の例の場合、通常はインデントを利用すると、次のように記述します。

```
01  処理(
02      パラメータ1,
03      パラメータ2,
04      パラメータ3,
05      パラメータ4,
06      パラメータ5,
07      ...
08  );                      ── ここにインデント
```

このように半角空白を数文字入れることで、カッコの中であることが強調され、カッコの対応がわかり
やすくなります。

インデントには、半角空白を2文字から8文字程度入れます（4文字がもっとも一般的です）。なお、
VS Codeでは Tab キーを押すことで、半角空白を挿入してインデントすることができます。文字数は標
準では4文字ですが、設定で調整できるため、コーディングスタイルに合わせて設定しましょう。

> インデントには「タブ文字」という特殊な文字を挿入することもあるけれど、近
> 年では空白を使うのが一般的だよ。

🟢 命名規則

プログラムを開発するとき、次章以降で紹介する「変数」や「関数」というものに、名前を付けることが
できます。このとき、どのように命名するかを定めておかないと、各開発者でバラバラになってしまいま
す。

例えば、「私の名前」という情報を保管する変数に名前を付けるとしましょう。変数名には次のような
例が考えられます。

myname	MyName	myName	MYNAME
my_name	私の名前	watashino_namae	

なお、JavaScriptでは3-2-1で解説した通り、大文字と小文字が厳密に区別されます。「myname」
と「MyName」は別の変数として扱われてしまうので、どのような表記にするかを明確に決めておかな
いと、トラブルの原因となってしまいます。

● 日本語は使わない

変数名は「私の名前」や「watashino_namae」など、日本語やローマ字は使わない方がよいでしょう。
自分だけが使うプログラムであれば、日本語変数名を使っても構いませんが、例えば日本人以外の開発者
とチーム開発をする場合などに、日本語が入力できない環境の方がいることもあり、開発しにくくなって

しまいます。

　また、日本語のローマ字は表記に揺れがあり（し→ shi, si、ん→ n, nn など）、間違いになりやすいので適していません。また、先と同様で日本語圏の開発者以外には、変数名の意味が理解できません。

　変数名には、簡単な英単語を組み合わせた名前を付けるとよいでしょう。

● **先頭を大文字にしない**

　「MyName」や「MYNAME」などの表記も適切とはいえません。JavaScript では、このように先頭が大文字のものは「クラス名」、すべて大文字のものは「定数」など、特別な意味を持つことが多く、一般的な変数名に利用するのは避けた方がよいでしょう。

● **複数の単語をつなげない**

　「myname」のように複数の単語を小文字ですべてつないでしまうと、どこで区切られるのかがわからなくなります。そのため、区切り文字や大文字などを含めるとよいでしょう（my_name、myName など）。

　これらを考慮すると、次のような名前が適切といえます。

1. 単語間にアンダースコアを入れる　　→ my_name
2. 2 つめの単語以降の先頭を大文字にする　→ myName

適切な変数名	
my_name	myName

不適切な変数名				
myname	MyName	MYNAME	私の名前	watashino_namae

　3-2-1 でも紹介しましたが、「myName」という表記法を「**キャメル式（キャメルケース）**」といい、非常によく利用されている命名規則です。複数の単語を組み合わせる場合に先頭の単語だけをすべて小文字で表記し、残りの単語は先頭を大文字にします。

　キャメル式には次のようなメリットがあります。

1. 1 単語の場合は大文字を含めなくて済む（例：name、age）。
2. 長い文字列でも、単語間の区切りがわかりやすくて読みやすい（例：allmyfavoritesongs → allMyFavoriteSongs）。
3. 単語間の区切りの記号で迷う必要がない（例：my_name、my-name）。

　JavaScript でも、次のようにメソッド名などにキャメル式が利用されています。

```
element.getElementById(...
```

```
element.style.backgroundColor = ...
```

3-3 定数・変数と配列

JavaScriptでは様々な計算や処理などを行うことができます。このとき、一時的に計算結果などを保管しておき、後で加工したり再利用したりしたいことがよくあります。そんなときに利用できるのが「定数」や「変数」という仕組みです。

3-3-1 定数を使う

まずは、「**定数**」を利用してみましょう。

VS Codeで新しいファイルを作り、名前を付けて保存します。ここでは「const.html」という名前でファイルを保存しましょう。そうしたら、3-1で作成したHTMLの基本的なタグを挿入します。

HTMLの基本的なタグが挿入できたら、<body>タグの中に3-1で紹介した「<script>」タグを追加しましょう。その中に、次のようにプログラムを追加します。なお、プログラムがわかりやすいように各行の最後に「//」から始まる「コメント」を追加しています。

> 実際に入力するときは、コメント以降を入力する必要はないよ。

プログラム：const.html

```
10    <script>
11        const num = 100; // numという名前の定数を準備し、100という数字を代入します
12        alert(num); // 定数numを警告ウィンドウに表示します
13    </script>
```

ファイルを保存したら、このファイルをWebブラウザーで表示してみましょう。すると、図のような警告ウィンドウが表示され、「100」という数字が表示されました。

このページの内容

100

OK

alert(num)で、「num」という文字を表示させるのではなく、numという定数に保存されている内容を表示させているんだね。

定数宣言

ここでは、「num」という名前の「定数」を準備し、それを画面に表示してみました。このプログラムを、少し詳しく見てみましょう。

11	const num = 100;

構文	**const 定数名 = 定数に代入する値 ;**

定数を準備する場合、最初に「const」と記述する必要があります。これは「constant」の略称で、「不変の」という意味があります。これで定数が準備されました。次は、この定数の名前で保管しておきたい内容を続けて「=」で結んで指定します。この作業を「**代入**」といいます。ここでは、「100」という数字を代入しました。これによって、このプログラムの中では「100」の代わりに「num」という名前が使えるようになります。

3-3-2 変数・定数名の規則

変数・定数名は基本的には自由に付けることができますが、次のようなルールに従う必要があります。

1. アルファベット、_（アンダースコア）、$（ドルマーク）と数字のみ利用できます。
2. 1文字目に数字を利用することはできません（例：123num）。
3. 大文字と小文字を利用できますが、別の変数、定数として扱われます（例：numとNum）。
4. JavaScriptであらかじめ決められているキーワード（予約語といいます）は利用できません（constなど）。

変数と定数

定数と似たものに、「**変数**」というものがあります。変数は、「let」という宣言を使います。

```
let num2 = 100; // num2を変数として宣言し、100を代入しました
```

構文 **let 変数名 = 変数に代入する値 ;**

「let」は英語の「Let（～にする）」という意味で、「変数」を宣言します。変数と定数の違いは「後から変更ができるか」という部分です。

プログラム：const2.html

```
11        const num = 100;
12        num = 50; // 定数numに別の値を代入しようとしています
13
14        alert(num);
```

「定数」は、一度値を代入するとほかの値を代入してその内容を変更することはできません。そのため、このプログラムは正しく動作せず、警告ウィンドウも表示されません。Google Chromeのデベロッパーツールを確認すると、「コンソール」タブに次のようなエラーが表示されます。

デベロッパーツールのコンソールに表示されるエラーメッセージ

```
Uncaught TypeError: Assignment to constant variable.
```

このエラーは、「定数に割り当てることはできません」という意味です。

しかし、「let」で宣言した「変数」では、ほかの値を代入して、内容を変更することができます。

プログラム：const3.html

```
11        let num = 100;
12        num = 50; // 変数の場合は別の値を代入できます
13
14        alert(num);
```

この場合は、正しく動作し、警告ウィンドウには後から代入した「50」が表示されます。これは、numという変数の値を12行目で上書きして、内容を変更しているためです（もとの100という値は失われてしまいます）。

変数と定数の違いについて改めてまとめておきます。用途に合わせて、利用する宣言方法を選びましょう。

const	上書きができない「定数」を宣言する。
let	上書きが可能な「変数」を宣言する。

> どちらにするか迷った場合は、最初は定数として宣言しておくのがおすすめ。うっかり内容を変えてしまうことがなくなるよ。後から必要になったら、いつでもletに変更しよう。

3-3-4 リテラルとデータ型

定数に代入している「100」などの値のことを、プログラミング言語の用語では「**リテラル（Literal）**」といいます。JavaScriptのリテラルには「**データ型**」という考え方があります。次の例を見てみましょう。

```
const num1 = 100; // 定数num1に、数値の100を代入します
const num2 = "100"; // 定数num2に、文字列としての「100」を代入します
```

num1、num2どちらの定数にも、「100」という値を代入しています。しかしこの2つの値は、「データ型」が異なっています。num1は数値（Number）型、num2は文字列（String）型です。

文字列型の場合、その両端にはクォーテーション記号（" または '）が必要というルールがあります。例えば、次の例を見てみましょう。

```
const message = こんにちは; ←── 「こんにちは」にクォーテーション記号がない
```

ここでは、定数messageに「こんにちは」を代入しようとしていますが、このプログラムは正しく動作しません。デベロッパーツールで確認すると、「コンソール」タブには次のようなエラーメッセージが表示されています。

デベロッパーツールの「コンソール」タブに表示されるエラーメッセージ
```
Uncaught ReferenceError: こんにちは is not defined
```

「こんにちはが定義されていません」というエラーメッセージですが、実際には「こんにちは」が文字列型のリテラルであるにも関わらず、クォーテーション記号がないためにエラーになっています。次のように修正しましょう。

```
const message = "こんにちは";  ←── 「こんにちは」にダブルクォーテーション記号を追加
```

```
const message = 'こんにちは';  ←── 「こんにちは」にシングルクォーテーション記号を追加
```

クォーテーション記号は、どちらを使っても違いはないので好みで選ぼう。ただし、プログラムの中では統一した方がよいよ。本書ではダブルクォーテーションを使っていくよ。

🟢 データ型の種類

データ型には、次のような種類があります。

文字列型（String）	日本語や英数字など。
数値型（Number）	整数や小数など。
論理型、ブール型（Boolean）	trueまたはfalseという2つの値のみを扱うもの。
null、undefined	何も値が入っていない状態の場合。
オブジェクト（Object）	オブジェクト（4-1参照）。

🟢 変数の型を調べるtypeof演算子

変数に代入されている値が、どの型のデータなのかを調べたい場合、次のようなプログラムで調べることができます。

プログラム：typeof.html
```
11      const num = 100; // 数値型の100をnumに代入
12      alert(typeof num); // numのデータ型を警告ウィンドウに表示
```

このプログラムを実行すると、警告ウィンドウに「number」と表示されます。

「number」は、numに代入されている「100」という値が数値型であることを示しています。

また、次のように「100」にクォーテーション記号を付加すると、今度は警告ウィンドウに「string」と表示され、データ型が文字列型になっていることがわかります。

プログラム：typeof2.html

```
11        const num = "100"; // 文字列としての「100」を代入
12        alert(typeof num);
```

データ型は、計算などを行うときに意識する必要が出てきます。ここではまず、データ型の種類を覚えておくとよいでしょう。

✎ 実習問題①

定数を2つ準備して、「富士通 太郎」という名前と、「16」という年齢を代入します。それを、図のように警告ウィンドウに表示しましょう。名前、年齢の順番に警告ウィンドウを表示します。

実行結果

- **実習データ** ：lab1_variable.html
- **補足** ：定数名（変数名）は任意です。以降の問題も、指定がなければ定数名は任意とします。
- **処理の流れ**
  1. 名前と年齢を格納するため、定数を2つ用意します。
  2. 次の値で初期化します。
     文字列：富士通 太郎
     数値 ：16
  3. 定数の値を表示します。

📋 解答例

プログラム：lab1_variable_a.html

```
11        //定数宣言および値の格納
12        const name = "富士通 太郎";
13        const age = 16;
14
15        //表示
```

16	alert("名前：" + name);
17	alert("年齢：" + age);

11	//定数宣言および値の格納
12	「name」という定数を宣言し、"富士通 太郎"という文字列を代入する。
13	「age」という定数を宣言し、16という数字を代入する。
14	
15	//表示
16	警告ウィンドウに「名前：」と文字列連結して、name定数を表示する。
17	警告ウィンドウに「年齢：」と文字列連結して、age定数を表示する。

　内容を後から変化しない場合は、「const」で宣言をして定数化しておくと、間違いを防ぐことができます。

 ## よく起きるエラー① ･･･････････････････････････････

　文字列にクォーテーション記号を付加しないと、正しく動作しません。必ず囲みましょう。

プログラム：lab1_variable_error.html

12	const name = 富士通 太郎; // 文字列を囲むクォーテーション記号がない
13	const age = "16"; // 数字は囲まない

- ● **エラーの発生場所**：12行目「富士通 太郎」
  　　　　　　　　　　　13行目「"16"」
- ● **対処方法**　　　：12行目の「富士通 太郎」をクォーテーション記号で囲む。
  　　　　　　　　　　　13行目の「"16"」のクォーテーション記号を外す。

 ## よく起きるエラー② ･･･････････････････････････････

　定数（変数）は「数字」と同じ扱いとなるため、クォーテーション記号は付加しません。付加すると、定数名（変数名）がそのまま警告ウィンドウに表示されてしまいます。

プログラム：lab1_variable_error2.html

11	//定数宣言および値の格納
12	const name = "富士通 太郎";
13	const age = 16;
14	
15	//表示
16	alert("名前：" + "name"); // 定数にクォーテーション記号を付加しない
17	alert("年齢：" + "age"); // 定数にクォーテーション記号を付加しない

- エラーの発生場所：16行目「"name"」
  　　　　　　　　　17行目「"age"」
- 対処方法　　　　：16行目の「"name"」のクォーテーション記号を外す。
  　　　　　　　　　17行目の「"age"」のクォーテーション記号を外す。

3-3-5 型変換

データ型が違っていると、計算をしたいときなどに困ることがあります。次の例を見てみましょう。

```
プログラム：type_change.html
11    let num1 = "1"; // 文字列型の1を代入
12    let num2 = 2; // 数値型の2を代入
13
14    alert(num1 + num2); // num1 + num2の計算結果を表示
```

　このとき、本来は足し算をするプログラムであるため、1+2の結果である「3」が警告ウィンドウに表示されるのを期待してプログラムを実行します。しかし、警告ウィンドウには「12」と表示されてしまいます。

　これは、計算が間違っているわけではありません。num1に代入されている「1」とnum2に代入されている「2」がつながって、「1と2」という形で表示されているのです。なぜこのようなことが起こるのでしょうか？
　このプログラムでは、num1が「文字列型」でした。すると、JavaScriptはnum1を計算できる値と

して認識しません。そのため、「+」という記号も足し算とは認識できず「文字列をつなげるための記号」であると判断します（文字列連結子などといいます）。

また、「num2」は数値型ではありますが、すでにJavaScriptは全体を文字列として処理しています。そのため、num2は自動的に文字列型に「変換」されてしまうため、こうして計算されずに単純に文字がつながってしまったというわけです。

この防止には、「num1」を数値型に変更する必要があります。14行目の後に次のように加えましょう。

プログラム：type_change2.html

```
11      let num1 = "1"; // 文字列型の1を代入
12      let num2 = 2; // 数値型の2を代入
13
14      num1 = Number(num1); // num1の値を数値型に変換してnum1に再度代入
15
16      alert(num1 + num2); // numInt + num2の計算結果を表示
```

今度は正しく「3」と表示されました。ここでは、num1の値を「Number()」という処理を使って、数値型に変更してからnum1に再度代入しています。これによって、num1は数字になるため、計算を正しく行えるようになりました。

このように、データ型を変換するための処理（コンストラクタといいます。4-5参照）が各データ型には準備されています。

Number()	数値型に変換する。
String()	文字列型に変換する。
Boolean()	論理型に変換する。

データ型を変換する関数やメソッド

データ型を変換する処理は、本文で紹介した「コンストラクタ」という処理を使う代わりに、関数やメソッドで変換することもできます。

parseInt()	数値型に変換する。
オブジェクト.toString()	文字列型に変換する（4-2-5参照）。

これらは、コンストラクタを利用した型変換ができるようになる前から利用されてきた方法です。現在でも利用することはできますが、これから新しく作成するプログラムの場合は、コンストラクタを利用する方がスマートです。

 実習問題②

次のように、文字列としてnumStrという定数を準備します。

```
12  const numStr = "10";
```

これを数値型に型変換をしてから1を加えて、警告ウィンドウに計算結果を表示します。

実行結果

> このページの内容
>
> 計算結果：11
>
> OK

- **実習データ**　　　：lab2_typeconvert.html
- **補足**　　　　　　：数値型の変換には「Number()」を利用します。
- **処理の流れ**
  1. 定数numStrを宣言し、文字列「10」を格納します。
  2. 文字列を整数に型変換し、1を加算します。
  3. 加算した結果を表示します。

📋 解答例

```
11    //変数numStr宣言および値の格納
12    const numStr = "10";
13    //変数の値（文字列）を整数に型変換し1を加算、変数に格納
14    const addResult = Number(numStr) + 1;
15
16    //加算結果の表示
17    alert("計算結果：" + addResult);
```

解説

11	//変数numStr宣言および値の格納
12	定数numStrを宣言し、文字列としての"10"を代入します。
13	//変数の値（文字列）を整数に型変換し1を加算、変数に格納
14	定数addResultに、numStr+1の計算結果を代入します。このとき、numStrはNumberによって数値型に変換されます。
15	
16	//加算結果の表示
17	addResultの内容を警告ウィンドウに表示します。

数値型への変換は「parseInt」を利用して次のように記述することもできます。

```
14    const addResult = parseInt(numStr) + 1;
```

3-3-6 配列

　例えば、何人かのクラスで行ったテストのスコアを管理したいとしましょう。この場合、次のようにそれぞれに定数を準備することが考えられます。

```
11    const score1 = 100;
12    const score2 = 200;
13    const score3 = 300;
```

しかし、これではプログラムとして関連した情報であることは理解されません。定数名が似ている、別々の値であると認識されてしまいます。そこで便利なのが「**配列**」です。1つの変数の中に、複数の関連した値をまとめて代入することができます。11～13行目を次のように書き換えましょう。

プログラム：array2.html

```
11        const scores = [100, 200, 300]; // scores配列に、3つの値をまとめて代入
```

代入したい値をカンマ（,）で区切り、ブラケット（[]）で囲むことでまとめて値を指定することができます。この中から特定の値だけを取得したい場合は、次のように指定します。

プログラム：array3.html

```
11        const scores = [100, 200, 300];
12        alert(scores[1]); // 200が表示される
```

これを実行すると、警告ウィンドウには「200」と表示されます。これは、scores配列の2番目に指定した値です。

配列の中から1つを取り出すときは、配列名の後にブラケット（[]）と番号を指定します。これを「添え字」などと呼びます。ただし添え字は、0から数え始めるので注意しましょう。ここでは、0番目が100、1番目が200、2番目が300となります。このように、配列を使えば、これらの数字が関連した数字として取り扱われます。

配列の要素数を調べる

配列に代入されている要素の数を知りたい場合は、次のように指定します。

プログラム：array4.html

```
11        const scores = [100, 200, 300];
12        alert(scores[1]);
13        alert(scores.length); // 配列の要素数である3が表示される
```

これを実行すると、警告ウィンドウには「3」と表示されます。これは、scores配列の中に3つの要素が代入されていることを示しています。この「.length」を配列の「プロパティ」といいますが、これについては4-2で解説します。現状では、このように記述すると配列の要素の数がわかる、ということが理解できればよいでしょう。

console.table メソッドを使う

配列の内容を手軽に確認したいときは、「console.table」メソッドを使うと便利です。14行目に次のように書き加えましょう。

プログラム：array5.html

```
13        alert(scores.length);
14        console.table(scores); // コンソールウィンドウに配列の内容を表示する
```

これをGoogle Chromeで実行し、デベロッパーツールを開くと、「コンソール」タブに図のような表が表示され、配列の内容を簡単に確認することができます。

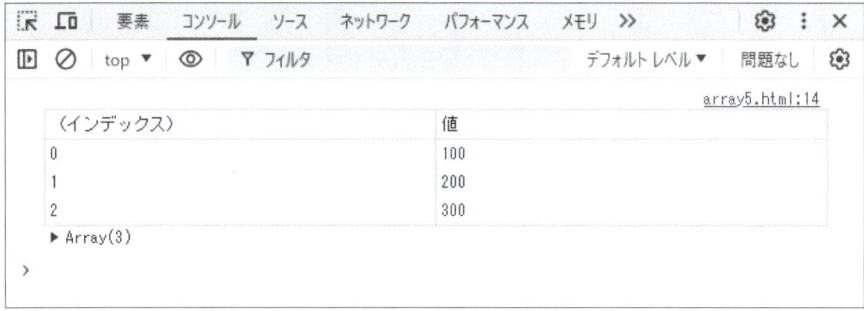

配列の内容を書き換える

配列に代入した値は、後から追加したり書き換えたりすることができます。14行目に次のように追加してみましょう。

プログラム：array6.html

```
13        alert(scores.length);
14        scores[1] = 500; // 1番目の値を500に書き換える
15        console.table(scores);
```

このように添え字を指定し、代入したい値を指定すると、配列の内容を書き換えることができます。

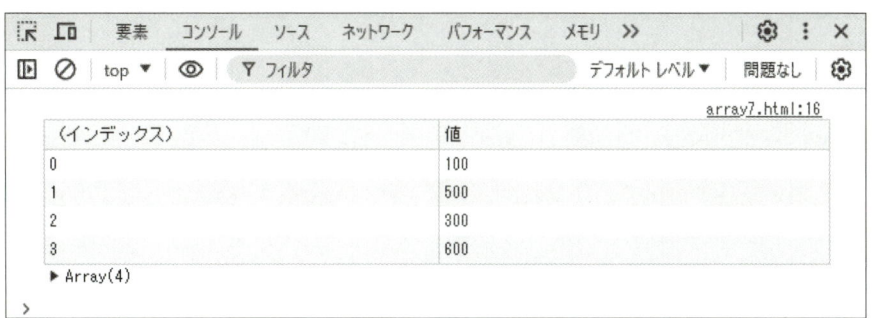

const で宣言した定数としての配列であっても、配列の内容を変えることはできるよ。ただし、配列自体を下のように代入し直すことはできないので注意しよう。

```
const array = [1, 2, 3]; // 1, 2, 3の要素を含んだ配列を定数として定義
array = [4, 5, 6]; // 定数の割り当てエラー
```

🟢 配列に要素を追加する

配列に新しい要素を追加する場合は、「push」メソッドを利用します。15行目に次のように追加しましょう。

プログラム：array7.html

```
14          scores[1] = 500;
15          scores.push(600); // 配列の最後に600という値（要素）を付け足す
16          console.table(scores);
```

こうすると、ここでは配列に3番目の要素が追加されます。

先頭に要素を追加したい場合は「unshift」メソッドを利用します。16行目に次のように追加します。

プログラム：array8.html

```
15        scores.push(600);
16        scores.unshift(0); // 配列の先頭に0という値（要素）を付け足す
17        console.table(scores);
```

| 要素 | コンソール | ソース | ネットワーク | パフォーマンス | メモリ | ≫ | ⚙ | ⋮ | ✕ |

| ▶ | ⊘ | top ▼ | 👁 | ▼ フィルタ | | デフォルト レベル ▼ | 問題なし | ⚙ |

array8.html:17

（インデックス）	値
0	0
1	100
2	500
3	300
4	600
▶ Array(5)	

配列の要素を削除する

配列の要素で不要なものがあった場合は、「pop」メソッドや「shift」メソッドで削除ができます。「pop」メソッドでは末尾から、「shift」メソッドでは先頭から要素を削除することが可能です。19～21行目に次のように追加しましょう。

プログラム：array9.html

```
16        scores.unshift(0);
17        console.table(scores);
18
19        scores.pop(); // 先頭から要素を削除
20        scores.shift(); // 末尾から要素を削除
21        console.table(scores);
```

デベロッパーツールのコンソール画面

ここでは、17行目と21行目で「console.table」メソッドを使っているため、デベロッパーツールの「コンソール」タブには、16行目までの配列の内容が表示された表と、19行目と20行目で配列の要素を削除した後の表の2つが表示されます。

✏️ 実習問題③

3科目のテストの点数を表示したいとします。配列を準備し、「70」「80」「90」という点数を順番に代入して、その内容をそれぞれ「××点」という表示になるように、文字列連結をして警告ウィンドウに表示しましょう。

実行結果

| このページの内容 |
| 70点 |
| OK |

→

| このページの内容 |
| 80点 |
| OK |

| このページの内容 |
| 90点 |
| OK |

● **実習データ：lab3_array.html**

- 補足：配列名は任意です。以降の問題も指定がない場合、配列名は任意とします。
- 処理の流れ
  1. 配列に次の値を格納します。

     [70, 80, 90]
  2. 要素番号を指定して、それぞれの値を表示します。
  3. 変数の値を表示します。

解答例

プログラム：lab3_array_a.html

11	//配列の宣言および値の格納
12	const score = [70, 80, 90];
13	
14	//表示
15	alert(score[0] + "点");
16	alert(score[1] + "点");
17	alert(score[2] + "点");

解説

11	//配列の宣言および値の格納
12	「socre」という配列を準備し、要素として70, 80, 90の値を代入します。
13	
14	//表示
15	警告ウィンドウに、添え字が0番目の配列の要素（70）を取得し、「点」という文字列と連結して表示します。
16	同様に添え字が1番目の要素（80）を表示します。
17	同様に添え字が2番目の要素（90）を表示します。

　配列の要素を個別に取得する場合は、添え字を使って取得します。添え字は「0」から数え始めるので注意しましょう。

添え字で要素の数より多い値を指定すると、正しく動作しません。

プログラム：lab3_array_error.html

```
11      //配列の宣言および値の格納
12      const score = [70, 80, 90];
13
14      //表示
15      alert(score[0] + "点");
16      alert(score[1] + "点");
17      alert(score[2] + "点");
18
19      alert(score[3] + "点");
```

- ● **エラーの発生場所：19行目**
- ● **対処方法**　　　　：添え字で配列の要素の数以内の値を指定する。

実行すると、このように「undefined点」と表示されます。「undefined」とは、要素が正しく取り出せずに「定義（defined）されていない値」として表示されているという意味です。

3-4 演算子

計算（プログラミングでは「演算」といいます）や、比較に利用される記号を JavaScriptでは「演算子」といいます。演算子には「算術演算子」や「代入演算子」、「比較演算子」、「論理演算子」など様々な種類があります。

 ## 3-4-1 算術演算子

次のプログラムを見てみましょう。

プログラム：operator.html

```
11    alert(1+1);  // 2が表示される
```

このページの内容

2

OK

　このプログラムを実行すると、警告ウィンドウには「2」と表示されます。これは、「1+1」という足し算の結果が表示されていて、この「+」という記号が「算術演算子」です。

● 算術演算子の種類

　算術演算子には次の種類があります。算数と基本的には同じですが、一部の記号が違っているので気を付けましょう。

+	加算
-	減算
*	乗算（かけ算）
/	除算（わり算）
%	剰余算（わり算をしたときの余り）
**	べき乗

このようにかけ算やわり算の記号が、算数の記号とは異なっています。例えば、「10×2」の計算を行う場合は、次のように記述します。

プログラム：operator2.html

```
11        alert(10*2); // 20が表示される
```

演算の優先順位

演算は算数のルールと同様、足し算や引き算よりも、かけ算やわり算の方が優先されます。次の例を見てみましょう。

プログラム：operator3.html

```
11        alert(1+2*5); // 11と表示される
```

この場合、足し算よりもかけ算が優先されるため、「2×5＝10」に「1」を加えた「11」が警告ウィンドウに表示されます。もしこのとき、足し算を優先したい場合は、次のように足し算をカッコで囲みます。

プログラム：operator4.html

```
11        alert((1+2)*5); // 15と表示される
```

これで、「1＋2＝3」が先に計算されるようになるため、「3×5＝15」で「15」が警告ウィンドウに表示されます。

Reference

文字列の結合

データ型が文字列型（String）の値の場合、「＋」という記号が文字列同士をつなぐ「文字列連結子」に変化します。次の例を見てみましょう。

プログラム：operator5.html

```
11        alert("文字列を" + "足し算します"); //  「文字列を足し算します」と表示
```

これを実行すると、警告ウィンドウに「文字列を足し算します」と表示されます。このように、「＋」が2つの文字列をつなぎ、1つの文字列になるように「連結」する演算子としても機能します。また、最初が文字列型だと、それ以降が数値型になっていても、すべて文字列型として処理されます。次の例を見てみましょう。

プログラム：operator6.html

```
11        alert("計算：" + 1 + 1); // 計算：11と表示される
```

この場合、1 + 1は数値型同士なので、本来は足し算（2）になるはずですが、最初に「計算：」という文字列があるために、それ以降がすべて文字列として処理されてしまいます。そのため、警告ウィンドウには「計算：11」と表示されます。この場合は、下のように計算式をカッコで囲むことで優先順位が変わり、計算できるようになります。

```
11        alert("計算：" + (1 + 1)); // 計算：2と表示される
```

JavaScriptはこのように、「+」という記号が足し算と文字列連結子の役割を担っています。そのため非常にややこしいのですが、慣れていきましょう。

3-4-2 代入演算子

JavaScriptでは、よく行われる計算をもっと簡単に行えるような演算子が準備されています。次の例を見てみましょう。

```
11        let count = 0; // 0を代入する
12
13        count = count + 1; // countに1を加えて、countに代入する
14        count = count + 1; // countに1を加えて、countに代入する
15        alert(count); // 2が表示される
```

このプログラムを実行すると、警告ウィンドウには「2」と表示されます。ここでは、11行目でcountという変数に最初は0を代入しています。そして、次の行に注目しましょう。

```
13        count = count + 1;
14        count = count + 1;
```

同じ変数名が式の中に2回現れます。これは、「自分自身の内容を使って計算した結果を、再度自身に代入する」という変数の特別な操作です。この場合、「count」に代入されている「0」に1を加えた「1」を、再度14行目のcountに代入しています。こうして、自身の内容に1を加える操作を2回行いました。これによって、countは2となり、これが警告ウィンドウに表示されたというわけです。

なおこのとき、宣言を「const」にして定数としてしまうと、新しい値を代入することができません。必ず、let（変数）で宣言しましょう。

```
プログラム：operator9.html
11        const count = 0;
12
13        count = count + 1; // 変数（定数）の内容を書き換えられない
```

代入演算子とは

　変数では、このように自身の内容を使って計算するということがよくあります。そこで、JavaScript
ではこの操作を簡単に行える、専用の演算子が準備されています。これを「代入演算子」といいます。
「operator8.html」の15行目に次のように書き加えてみましょう。

```
プログラム：operator10.html
11        let count = 0;
12
13        count = count + 1;
14        count = count + 1;
15        count += 1; // 代入演算子を利用して1を加える
16        alert(count);
```

　1を加える操作を「代入演算子」を利用して行いました。15行目の記号に注目しましょう。

```
15        count += 1;
```

　「+=」とは「右辺の内容を足して、再度変数の内容に代入する」という意味の演算子で、上記の場合は
「count」に1を加えて、再度「count」に代入しています。

　代入演算子は、各算術演算子に準備されています。

+=	加算
-=	減算
*=	乗算（かけ算）
/=	除算（わり算）
%=	剰余算（わり算をしたときの余り）
**=	べき乗

　これによってプログラムをすっきり書くことができます。

「operator10.html」を代入演算子を使って書き直すと、次のようにすっきりするよ。

プログラム：operator11.html

```
11    let count = 0;
12
13    count += 1;
14    count += 1;
15    count += 1;
16    alert(count); // 3が警告ウィンドウに表示される
```

さらに実は、直接3を足し算することもできるよ。

プログラム：operator12.html

```
11    let count = 0;
12
13    count += 3;
14    alert(count); // 3が警告ウィンドウに表示される
```

🟢 インクリメント・デクリメント

　プログラミングでは、変数の内容を変更して、再度同じ変数に代入するという操作がよく行われると紹介しましたが、その中でもさらに頻度が高いのは、先の例にも取り上げた「1を加える」とか「1を減算する」という処理です。

　3-5で紹介する「繰り返し構文」などと組み合わせて利用されることが多いため、この「1を加える」や「1を引く」という操作にだけ、「インクリメント・デクリメント」という特別な演算子が準備されています。「operator10.html」の16行目に次のように書き加えましょう。

プログラム：operator13.html

```
15    count += 1;
16    count++; // 1を足して、代入し直す（インクリメント）
17    alert(count);
```

1行追加したため、警告ウィンドウには「4」が表示されるようになります。16行目の記号に注目しましょう。

```
16          count++;
```

この「++」という記号が、特別な「インクリメント演算子」です。動きはこれまでと同様で、「変数に1を加えて再度代入する」という操作ですが、インクリメントでは1ずつしか変化させることができません。

同様に、引き算も次のようなプログラムで記述できます。

プログラム：operator14.html

```
16          count++;
17          count--; // 1を引いて、代入し直す（デクリメント）
18          alert(count);
```

17行目にデクリメントを挿入したため、結果は「3」に戻りました。デクリメントは、「--」と記述することで1を引いて再度代入することができます。

> かけ算やわり算には、このような記号は存在しないよ。なぜなら、1を掛けたり1で割ったりしても内容が変化しないから。インクリメントやデクリメントは、足し算・引き算の特別な操作だよ。

3-4-3 比較演算子（関係演算子）と等価演算子

言葉は難しいですが、「比較演算子」や「等価演算子」とは、実際には小学校で習った「不等号」や「等号」のことを指します。2つの値の大小関係を確認できる演算子です。次の例を確認してみましょう。

プログラム：operator15.html

```
11          const x = 1; // xに1を代入
12          const y = 2; // yに2を代入
13          alert(x > y); // falseと表示される
```

13行目の「>」という記号は、xがyよりも大きいかを検査するための演算子で、結果は論理値（ブール値、P.89参照）で得ることができます。ここでは、xの方が小さいため「false」と警告ウィンドウに表示されます。

x

x

このページの内容

false

OK

比較演算子の結果が満たされると、ブール値の「true」が表示されるよ。ここではxの方が大きかったら「true」だよ。

比較演算子は、主に3-5で紹介する「if構文」の条件などに利用されます。比較演算子には次の種類があります。

A > B	AがBより大きい
A < B	AがBより小さい
A >= B	AがB以上
A <= B	AがB以下

また、等しいかどうかや、等しくないかどうかを検査する「等価演算子」も利用されます。

A === B	AとBが等しい
A !== B	AとBが等しくない

等価演算子には、「=」記号が1つ少ない「==」と「!=」という記号もあるよ。これらはデータ型が違っていても、同じ値ならtrueになるという演算子。例えば、文字列型の"1"と数値型の1の場合でも、「同じ」と判断するよ。特別な場合を除いて、「===」と「!==」を利用する方が適切だよ。

3-4-4 論理演算子

比較演算子を複数組み合わせて、複雑な比較をすることもできます。次の例を見てみましょう。

プログラム：operator16.html
11	const age = 20; // ageに20を代入する
12	
13	// ageが10より大きく、60より小さい場合にtrue
14	alert(age > 10 && age < 60); // trueが表示される

「age > 10」という式と、「age < 60」という式が「&&」という記号でつながっています。この「&&」が論理演算子で、ここでは「かつ」という意味を表します。つまりここでは、ageという変数の内容が10よりも大きく、かつ60よりも小さい場合にだけ、trueという論理値になります。ageの内容を色々変更して、どのように結果が変化するか確認してみましょう。

論理演算子には、次の種類があります。

&&	かつ
||	または
!	否定

「否定」の演算子の使い方は特殊なので、4-4で解説するよ。

プログラムは、実行すると一方通行に動作するだけでなく、分岐したり戻ったりなど、流れを「制御」することができます。ここではそんなプログラムを制御する「制御構造」について学びましょう。

3-5-1 条件分岐

例えば、ある変数が偶数か奇数かによって、プログラムの動きを変化させたいとしましょう。そんなときに利用できるのが「条件分岐」という制御構造です。ここでは「if文」という制御構造を利用してみましょう。

奇数か偶数かを知る

まずその前に、ある値が奇数か偶数かというのは、どのようにすればわかるでしょうか？　これは、2で割った余りが0か1かで判断できます。

> 2で割った余りが0なら偶数で、1なら奇数だね。

わり算をした余り（剰余）は、「%」という演算子で求めることができるため、次のようなプログラムで奇数か偶数かを知ることができます。

プログラム：if.html

```
11    const num = 10; // numに10を代入します
12    alert(num % 2); // 10を2で割った余り（0）が警告ウィンドウに表示されます
```

このページの内容

0

OK

奇数か偶数かを警告ウィンドウに表示する

では、この法則を使って次のような警告ウィンドウを表示してみましょう。

if文は、このような書式で記述できます。

| 構文 | ```
if ( 条件式 ) {
    条件式が成り立つ場合に実行する処理
} else {
    条件式が成り立たない場合に実行する処理
}
``` |

条件式では、「2で割った余りが0と等しいかどうか」という条件にするため、等価演算子を使って次のような条件式を作りましょう。

```
num % 2 === 0
```

この条件が成り立つ場合は、余りが0、つまり偶数であるため「偶数です」と表示します。反対に成り立たない場合は「奇数です」と表示します。12行目以降のプログラムを次のように書き換えましょう。

プログラム：if2.html

```
11        const num = 10; // numに10を代入します
12
13        if (num % 2 === 0) { // numを2で割った余りが0と等しいかを判断します
14            alert(num + "は偶数です"); // 条件が成り立つ場合は「偶数です」と表示します
15        } else {
16            alert(num + "は奇数です"); // 条件が成り立たない場合は「奇数です」と表示します
17        }
```

これを実行すると、警告ウィンドウには「10は偶数です」と表示されます。10を2で割った余りが0であるため、if文の「条件式」が成り立ち、偶数側のプログラムだけが実行されたというわけです。

では、9行目のnumの値を変更してみましょう。ここでは「9」に変更します。
```

```
プログラム：if3.html
11        const num = 9; // 9に変更
```

今度は警告ウィンドウに「9は奇数です」と表示されます

このページの内容

9は奇数です

OK

9を2で割った余りは1なので、0とは等しくなくなり、条件式から外れてしまったので「else」以降のプログラムのみが実行されます。このように、条件式が成り立つかどうかによって、動作するプログラムが変化することが条件分岐の特徴です。

🟢 elseを省略する

if文は、else以降を省略して、次のように記述することもできます。

構文	if（条件式）{
	　　　条件式が成り立つ場合に実行する処理
	}

この場合、条件が成り立たなかった場合は、何もせずに次のプログラムに移ります。else以降でとくに処理をする内容がない場合には、elseを省略することができます。

```
プログラム：if4.html
11        const num = 1; // numに1を代入します
12
13        if (num === 0) { // numが0と等しいかを判断します
14            alert('numが0です'); // numが0だった場合に警告ウィンドウを表示します
15        }
```

このプログラムの場合、numが0の場合にのみ警告ウィンドウが表示され、それ以外の場合はとくに何もせずにプログラムが終了します。

🟢 else if文

今度は、定数numが、1のときは「1です」、2の場合は「2です」、それ以外の場合は「それ以外です」

と警告ウィンドウに表示する例を考えてみましょう。

まずは、プログラムを簡単にするために2の場合をなくして、1の場合は「1です」と表示し、それ以外の場合は「それ以外です」と表示するというプログラムを作成してみましょう。

```
プログラム：if5.html
11    const num = 2;  // numに2を代入します
12
13    if (num === 1) {  // numが1と等しいかを判断します
14        alert("1です");  // numが1と等しい場合は「1です」と警告ウィンドウに表示します
15    } else {
16        alert("それ以外です");  // それ以外の場合は「それ以外です」と表示します
17    }
```

ここでは、定数numに2を代入しているため、実行すると警告ウィンドウには「それ以外です」と表示されます。

ではここに、2の場合に「2です」と警告ウィンドウに表示する処理を加えます。

「2です」と警告ウィンドウに表示される条件は、「1ではないが2である場合」となります。このようなときに使えるのが「else if文」という構文です。次のような書式になります。

```
構文  if ( 条件式1) {
          条件式1が成り立つときの処理
      } else if ( 条件式2) {
          条件式1が成り立たず、条件式2が成り立つときの処理
      } else {
          条件式1も2も成り立たないときの処理
      }
```

こうしてif文をつなげることで、複数の条件を組み合わせることができます。

15、16行目に次のように書き加えましょう。

プログラム：if6.html

```
11        const num = 2;
12
13        if (num === 1) {
14            alert("1です");
15        } else if (num === 2) { // 1とは等しくないが、2と等しいことを判断します
16            alert("2です"); // numが2と等しい場合は「2です」と警告ウィンドウに表示します
17        } else {
18            alert("それ以外です");
19        }
```

このプログラムを実行すると、「2です」と表示されるようになりました。

このページの内容

2です

OK

　こうして、1の場合と2の場合、そしてそれ以外の場合で処理を分けることができました。なお、else if構文はいくつでもつなげることができます。ただし、「else」の後に「else if」を入れることはできません。「else」は必ず最後につなげる必要があります。以下は悪い例です。

プログラム：if7.html

```
11        const num = 1;
12
13        if (num === 1) {
14            alert("1です");
15        } else {
16            alert("それ以外です");
17        } else if (num === 2) { // else ifをelseの後に入れることはできません
18            alert("2です");
19        }
```

else以降を省略することはできるので、else ifで終わることはあるよ。elseがある場合は必ず最後がelseになるということだね。

74

実習問題①

テストの合格判定を行うプログラムを作成します。点数を定数に代入しておき、その定数が70以上である場合は「合格です」と警告ウィンドウに表示し、70未満の場合は「不合格です」と警告ウィンドウに表示するプログラムを作成しましょう。

実行結果例

70以上

70未満

- **実習データ** : lab1_if.html
- **処理の流れ**
  1. 任意のテストの点数を定数に格納します。
  2. テストの点数を基に、合否を判定して結果を表示します。

     70点以上→"合格です"

     70点未満→"不合格です"

📋 解答例

プログラム：lab1_if_a.html

```
11    //定数宣言および値の格納
12    const score = 80;
13
14    //if文による条件分岐
15    if (score >= 70) {
16        alert("合格です");
17    } else {
18        alert("不合格です");
19    }
```

解説

11	//定数宣言および値の格納
12	scoreという定数を準備し、80を代入します。
13	
14	//if文による条件分岐
15	scoreが70以上の場合。
16	「合格です」という警告ウィンドウを表示します。

17	それ以外（70未満）の場合。
18	「不合格です」という警告ウィンドウを表示します。
19	if文の終了。

if文には「条件式」を記述し、ここでは「比較演算子」を利用します。今回の場合「70以上」という条件なので、比較演算子は「>=」が使われます。

 よく起きるエラー ••

比較演算子を間違えると、if文の分岐が正しく行われません。例えば、次の例は比較演算子に「より上」を使ってしまった例です。

プログラム：lab1_if_error.html

```
11    //定数宣言および値の格納
12    const score = 70;
13
14    //if文による条件分岐
15    if (score > 70) { // 比較演算子を間違えているため、70点が不合格になってしまう
16        alert("合格です");
17    } else {
18        alert("不合格です");
19    }
```

- **エラーの発生場所：15行目「>」**
- **対処方法　　　　：15行目の「>」を「>=」に変更する。**

この場合、デベロッパーツールなどでのエラーはとくに発生しませんが、70点のときに本来は「合格」となるはずが「不合格」となってしまいます。

このような間違いを防ぐには、プログラムが完成した後で正しく分岐が行われるかを、様々な数字で検査します。特に、境目となる数字（ここでは「69, 70, 71」）では念入りに検査を行い、しっかりと分岐すべき条件で分岐ができているかを確認しましょう。

3-5-2 switch文

if文と似た構文にswitch文があります。これは、3-5-1の例のように「num」という1つの変数を基準に、1の場合、2の場合...など、複数の値と比べることがあるような条件のときに使われます。

switch文は、次のような書式で記述できます。

構文	`switch（基準とする値や式）{`
	    `case 値1:`
	        基準とする値と値1が等しい場合に実行する処理
	        `break;`
	    `case 値2:`
	        基準とする値と値2が等しい場合に実行する処理
	        `break;`
	    `...`
	    `default:`
	        どの値とも等しくない場合に実行する処理
	`}`

これを使って、3-5-1のプログラム「if6.html」を書き換えてみましょう。

プログラム：switch.html

```
11        const num = 1 ; // numに1を代入します
12
13        switch (num) { // numを基準にします
14            case 1: // numが1の場合
15                alert("1です"); // 1ですと警告ウィンドウに表示します
16                break; // 1の場合の処理を終了します
17            case 2: // numが2の場合
18                alert("2です"); // 2ですと警告ウィンドウに表示します
19                break; // 2の場合の処理を終了します
20            default: // それ以外の場合
21                alert("それ以外です"); // それ以外ですと警告ウィンドウに表示します
22        }
```

switch文は、基準となる値や式に対して、複数の選択肢で比べながら分岐していくときに利用できます。今回の場合は「num」という定数が基準となって、1の場合や2の場合で処理を分岐させていたため、switch文で記述するのが適しています。

別々の変数や定数で、複数の条件を作りたい場合はswitch文では作れないので、その場合はelse if文を使うよ。

🟢 break

switch文には「break」という記述が現れます。これは、switch文を中断するための記述です。例えばこのように、上記のプログラムから「break」を消してみましょう。

プログラム：switch2.html

```
11        const num = 1 ;
12
13        switch (num) {
14            case 1:
15                alert("1です");
16            case 2:
17                alert("2です");
18            default:
19                alert("それ以外です");
20        }
```

すると、警告ウィンドウの《OK》をクリックで、「1です」「2です」「それ以外です」と、次々にすべての警告ウィンドウが表示されてしまいます。「break」がないと、プログラムが途中で終了せず、すべての処理が行われてしまうというわけです。

ただしこれは、うまく利用すれば便利なことがあります。次のプログラムを見てみましょう。

プログラム：switch3.html

```
11        const num = 1 ; // numに1を代入します
12
13        switch (num) { // numを基準とします
14            case 1:// numが1の場合
15            case 2:// numが2の場合
16            case 3:// numが3の場合
17                alert("1または2か3です"); // numが1, 2, 3のいずれかの場合にこの警告ウィン
                                              ドウを表示します
18                break; // numが1, 2, 3の場合の処理を中断します
19            default: // それ以外の場合
20                alert("それ以外です"); // numが1, 2, 3以外の場合にこの警告ウィンドウを表
                                          示します
21        }
```

この場合、「num」が1、2、3のいずれかの場合、図のような同じ警告ウィンドウが表示されます。

ここでは、「case 1」と「case 2」のときに「break」がないため、「case 3」の後に記述されている処理が実行されます。つまり、numが1と2と3の場合で同じ処理が行われるようになります。

switch文は比較演算子を利用することができないため、値の範囲を示したい場合などはこの方法が使われます。

 **while文**

while文と、次に紹介するfor文は「繰り返し構文」と呼ばれる構文です。条件が成り立っている間、同じことを何度でも繰り返すことができます。例えばここでは、「Welcome to My HomePage」というメッセージを3回警告ウィンドウに表示してみましょう。

プログラム：while.html

```
11    let num = 0 ; // 変数numに0を代入しておく（内容が後で変化するため、const（定数）
                    //                         ではなくlet（変数）で宣言する）
12
13    while(num < 3){ // numが3未満の間繰り返す
14        alert("Welcome to My HomePage"); // 警告ウィンドウにメッセージを表示する
15        num++; // numに1を加えて再度代入し直す（インクリメント）
16    }
```

このプログラムを実行すると、次のような警告ウィンドウが表示されます。

《OK》をクリックして閉じると再び同じ警告ウィンドウが表示され、これが3回繰り返されます。13行目の「while」文の条件部分の数字を変更すれば、表示される回数を変えることができます。

```
13        while(num < 10){ // 10回繰り返されます
```

while文は、何度も同じ作業を繰り返し行える構文で、次のような書式で作られます。

構文	while (繰り返すときの条件式) {
	　　繰り返したい処理
	}

ここでは、あらかじめ準備しておいた「num」という変数に0を代入しておいて、その内容が「3未満の間」という条件で繰り返しを行いました。

```
11        let num = 0 ;
12
13        while(num < 3){
```

ただし、このままではnumの内容は0のままなので、繰り返し処理の中でnumに1を加算します。このとき、インクリメント処理を利用します。

```
15            num++;
```

while文は、条件が成り立つ間は同じプログラムを何度も実行するため、警告ウィンドウがそのたびに表示されます。そして、「num」が加算されて3になったとき、while文の条件は満たせなくなり、繰り返しが中断されます。プログラムは次の行に移りますが、この場合は次のプログラムがないため、ここでプログラムが終了します。

🟢 無限ループ（永久ループ）に注意

while文は、条件を間違えてしまうと、ずっと終わらない繰り返しになってしまいます。

```
11        let num = 0 ;
12
13        while(num < 3){
14            alert("Welcome to My HomePage");
15            num--; // インクリメントと間違えてデクリメントをしている
16        }
```

これは悪い例です。この場合、15行目でインクリメントと間違えてデクリメントをしているため、numは-1, -2, -3...と減算されます。while文の条件は、「3未満」という条件であるため、いくら減算してもずっと3未満である条件は満たされた状態になってしまいます。すると、このプログラムは、ずっと条件を満たし続けるので、終わらない状態となります。これを「無限ループ」や「永久ループ」などといい、非常に深刻なバグとなります。ユーザーの操作を受け付けなくなってしまったり、コンピュータ自体の動作を遅くしたり、止めてしまう恐れもあります。

while文を作るときは、必ず最後は条件を満たさない状態になるように、条件式に使っている変数などを変化させなければなりません。注意しましょう。

● do while文

次の例を見てみましょう。

プログラム：while4.html

```
11      let num = 3 ; // numに3を代入
12
13      while(num < 3){
14          alert("Welcome to My HomePage");
15          num++;
16      }
```

このプログラムは、実行しても何も起こりません。なぜなら、numに最初から3を代入しているため、while文の条件が成り立たず、1回も実行されない繰り返し構文になっているからです。

しかしまれに、「少なくとも1回は処理をしたい」ということがあります。そんなときに使えるのが「do while文」です。12行目以降を次のように書き換えましょう。

プログラム：while5.html

```
11      let num = 3 ;
12
13      do{ // 繰り返しの開始をdoに変更
14          alert("Welcome to My HomePage");
15          num++;
16      } while(num < 3); // whileを構文の最後に移動
```

これを実行すると、numに3が代入されているにもかかわらず、1回は実行されるようになります。do while文は、条件の判断を繰り返しの処理の後ろ側に移動したものです。代わりに先頭には「do」と記述する必要があり、これによって1回は繰り返しの処理が行われるようになります。その後、条件を判断して満たされる場合は2回目の繰り返しが行われます。

あまり使う機会は多くないですが、こんな書き方もあるということを覚えておくとよいでしょう。

 **実習問題②**

　警告ウィンドウに「0回目」「1回目」と繰り返した回数を表示し、「4回目」まで表示されるようにしましょう。

このページの内容

0回目

OK

- 実習データ　　　　:lab2_while.html
- 補足　　　　　　　:カウンタ変数名はiとします。以降の問題も、指定がない場合はカウンタ変数名をiとします。表示ループはwhile文で実装します。
- 処理の流れ
  1. 繰り返し処理に必要な変数（カウンタ変数i）を宣言し、0で初期化します。
  2. "n回目"と5回繰り返し表示するように処理を記述します。

解答例

プログラム：lab2_while_a.html

```
11    //カウンタ変数宣言および値の格納
12    let i = 0;
13
14    //繰り返し処理
15    while (i < 5) {
16        alert(i + "回目");
17        i++;
18    }
```

解説

11	//カウンタ変数宣言および値の格納
12	変数iを宣言し、0を代入します。
13	
14	//繰り返し処理
15	iが5未満の間、繰り返します。
16	iに「回目」という文字列を連結して、警告ウィンドウに表示します。
17	iをインクリメントで1加算して代入します。
18	繰り返しの終了。

while文の条件は、ここでは5未満としていますが、次のように4以下としても同じ動きになります。どちらを使っても構いません。

```
プログラム：lab2_while_a2.html
15              while (i <= 4) { // 4以下
```

 ## よく起きるエラー ・・・・・・・・・・・・・・・・・・・・・・・・・・・・・・・

iという変数をインクリメントで加算しないと、繰り返しが終わらない「無限ループ」になってしまいます。以下のプログラムは実行すると終わらなくなってしまうため、注意して実行しましょう。

```
プログラム：lab2_while_error.html
11      //カウンタ変数宣言および値の格納
12      let i = 0;
13
14      //繰り返し処理
15      while (i < 5) {
16          alert(i + "回目");
17          i--; // インクリメントと間違えて、デクリメントをしてしまっているため1ずつ減算
                 されてしまう
18      }
```

- **エラーの発生場所**：17行目「i--」
- **対処方法**　　　　：17行目の「i--」を「i++」に変更する。

> プログラムが終わらなくなってしまったら、Webブラウザーを閉じて終了しよう。

3-5-4 for文

while文と同様に、繰り返し処理を行うことができる構文がfor文です。for文は、次のように1行の中に色々な要素を詰め込んでコンパクトに書くことができます。

<table>
<tr><td>構文</td><td>for（初期化の処理；繰り返す条件；更新する処理）{
    ...
}</td></tr>
</table>

　各要素は、カンマではなくセミコロンで区切られているので気を付けましょう。ここでは、3-5-3と同様に「3回警告ウィンドウを表示する」というプログラムを、今度はfor文を使って作ってみます。

プログラム：for.html

```
11        for (let i = 0; i < 3; i++) { // 変数iに0を代入し、1ずつ加算しながら3未満の間繰り
                                            返す
12            alert("Welcome to My HomePage"); // 警告ウィンドウを表示する
13        }
```

　これで、3回繰り返し警告ウィンドウが表示されます。

このページの内容

Welcome to My HomePage

OK

　ここでは、for文の内容に、次のような処理が含まれています。

- **初期化の処理：let i=0;** 変数iに0を代入します。
- **繰り返す条件：i < 3;** iが3未満の間繰り返します。
- **更新する処理：i++;** iに1を加えて再度代入します。

　こうして、iが0から2（3未満）の間、3回繰り返されるようになります。while構文に比べるとコンパクトに記述できますが、各処理や繰り返しの条件が複雑になる場合は、プログラムが読みにくくなります。そのため、「シンプルな繰り返しはfor文」、「複雑な条件の繰り返しはwhile文」などと使い分けるとよいでしょう。

3-5-5 for of 文

for文の特別な書式として、配列などを処理する専用の書き方があります。まずは、次のように配列を準備しましょう。

> **プログラム：for-of.html**
> ```
> 11          const nums = [1, 2, 3]; // 配列に1, 2, 3という要素を代入します
> ```

この配列の値を1つずつ取得して、警告ウィンドウに表示してみましょう。次のように書き加えます。

> **プログラム：for-of2.html**
> ```
> 11          const nums = [1, 2, 3];
> 12
> 13          for (const num of nums) { // numsの配列の要素を1つずつ取り出して、numに代入します
> 14              alert(num); // numの内容を警告ウィンドウに表示します
> 15          }
> ```

このプログラムを実行すると、警告ウィンドウに順番に1, 2, 3と3回表示されます。for of 文は、次のような書式で記述できます。

> **構文**
> ```
> for ( 変数 of 配列など ) {
>     配列の要素の数分だけ繰り返したい処理
> }
> ```

ofの後に配列を指定すると、1つずつ順番に取り出して変数に代入してくれます。後は、この変数を利用して処理をすることで、配列内の要素をすべて利用することができます。配列と非常に相性のよい繰り返し構文です。

3-5-6 ネスト（入れ子構造）

ここまでに紹介した制御構造は、while文の中にif文を含めたり、if文の中にfor文を含めたりといった「入れ子構造」で利用することができます。これを「ネスト（Nest）」といいます。ここでは、次のようなプログラムを作成してみましょう。

3

JavaScriptの作成と基本文法

- **1から10まで、10回処理を繰り返します。**
- **偶数の場合だけ、警告ウィンドウを表示します。**

これには、while文の中にif文を入れ子にします。作ってみましょう。

プログラム：nest.html

```
11      let i = 1; // 変数iに1を代入します
12      while (i <= 10) { // iが10以下の間繰り返します
13          if (i % 2 === 0) { // iを2で割った余り（剰余算）が0の場合（＝iが偶数の場合）
14              alert(i + "は偶数です"); // 警告ウィンドウを表示します
15          }
16          i++; // iに1を加えて再度代入します
17      }
```

このプログラムを実行すると、画面には次のように2、4、6、8、10のときだけ警告ウィンドウが表示されます。

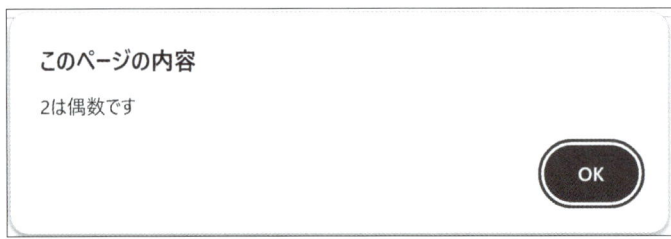

繰り返しは、インクリメント（i++）があるため、1ずつ加算されていますが、if文で偶数の場合のみ警告ウィンドウを表示しているため、奇数の場合は処理が飛ばされ、何もしないプログラムになっています。

このようにして、繰り返しif文で条件を判断することができます。

 実習問題③

1から100の整数のうち、11で割りきれる数を図のような警告ウィンドウに表示してみましょう。繰り返しにはwhile文を使い、カウンタの変数は「i」とします。

実行結果

このページの内容

11,22,33,44,55,66,77,88,99,

OK

- **実習データ** ：lab3_whileif.html
- **補足** ：計算ループはwhile文で実装します。
- **処理の流れ**
  1. カウンタ変数を用意し、初期化します。
  2. 1から100までの整数についての繰り返し処理を記述します。
  3. 1から100までの整数について11で割り切れるかどうかの分岐処理を記述します。
  4. 11で割り切れる数値のみカンマ (,) 区切りで加算し、最後に結果を表示します。

📋 解答例

プログラム：lab3_whileif_a.html

```
11    //カウンタ変数宣言および値の格納（初期化）
12    let i = 1;
13    //表示用の変数宣言および値の格納（初期化）
14    let calcResult = "";
15
16    //繰り返し処理
17    while (i <= 100) {
18        //11で割り切れる数値のみカンマ区切りで変数に追加
19        if (i % 11 == 0) {
20            calcResult += i + ",";
21        }
22        i++;
23    }
24
25    //表示
26    alert(calcResult);
27    alert(score[2] + "点");
```

解説

11	//カウンタ変数宣言および値の格納（初期化）
12	変数iを準備し、1を代入します。
13	//表示用の変数宣言および値の格納（初期化）
14	変数calcResultを準備し、空の文字列を代入します。
15	

16	//繰り返し処理
17	iが100以下の間繰り返します。
18	//11で割り切れる数値のみカンマ区切りで変数に追加
19	iを11で割った余り（剰余算）が0、つまり11で割り切れる場合。
20	calcResultに、iの値（=11で割り切れる値）と、カンマを自身に文字列連結してつないでいきます。
21	if文の終了。
22	iに1を加算して、再度代入します。
23	繰り返しの終了。
24	
25	//表示
26	警告ウィンドウを表示し、calcResultの内容（=11で割り切れる値を列記したもの）を表示します。
27	同様に添え字が2番目の要素（90）を表示します。

「calcResult += i + ", ";」という記述の「+=」は、「代入演算子」です。それまでの結果を保持したまま、後ろに新しい値を連結して、代入し直します。これによって、「11, 22, 33,...」と次々に値がつながっていきます。

 ## よく起きるエラー・・・・・・・・・・・・・・・・・・・・・・・・・・・・・

「calcResult」を誤って代入演算子にせずに、単なる代入にしてしまうと「最後の結果」しか代入されません。

プログラム：lab3_whileif_error.html

```
10        //11で割り切れる数値のみカンマ区切りで変数に追加
19        if (i % 11 == 0) {
20            calcResult = i + ","; // 代入演算子にすべき所を、単なる代入にしています
21        }
```

- **エラーの発生場所：20行目「=」**
- **対処方法** ：20行目の「=」を「+=」に変更する。

この場合、警告ウィンドウには「99,」しか表示されません。正しく文字列連結をしましょう。

3-5-7 break、continue

while文やfor文は、条件が成り立っている間、繰り返し処理が行われます。しかし、場合によっては条件を満たしていても、繰り返しを中断したり、処理を飛ばしたりしたいことがあります。そんなときに使えるのが、「break」と「continue」です。それぞれ紹介します。

● break

次のようなプログラムを作成します。

- 0、1、2、…と、順番に永遠に数字を画面に表示し続ける
- 5よりも上になったら繰り返しを中断する

まず、「永遠に繰り返す」という繰り返しの構文は、while文で作成することができます。まずはここまで作成してみましょう。なお、このプログラムを実行すると終わらなくなってしまうので、実行には注意してください。実行したら、Webブラウザーの「停止」ボタンをクリックするか、タブやウィンドウを閉じましょう。

プログラム：break.html

```
11    let num = 0; // 変数numに0を代入します
12    while (true) { // 条件にtrueを指定することで条件が常に成り立つ状態となるため、永
                      遠に繰り返します
13        console.log(num); // デベロッパーツールのコンソール画面にnumを表示します
14        num++; // インクリメントでnumに1を加算して再度代入します
15    }
```

このプログラムを実行すると、Webブラウザーが操作できなくなってしまったり、デベロッパーツールのコンソール画面に0、1、2、…とずっと数字が表示され続けたりします。

30452	break.html:13
30453	break.html:13
30454	break.html:13
30455	break.html:13
30456	break.html:13
30457	break.html:13

while文の条件に指定した「true」とはブール値で、while文は条件式が「true」の場合は条件が成り立つと判断し、「false」の場合は成り立たないと判断します。この場合、常にtrueとなるため、ずっと

条件が成り立ち続けることになります。

　では、この繰り返しを中断してみましょう。変数numが5よりも上かどうかをif文で判断します。13〜15行目に次のように追加しましょう。

```
11    let num = 0;
12    while (true) {
13        if (num > 5) { // 変数numが5よりも上かを判断します
14            break; // 5よりも上だった場合、繰り返し処理を中断します
15        }
16        console.log(num);
17        num++;
18    }
```

　このプログラムを実行すると、コンソール画面には0、1、2、3、4、5までが表示され、そこでプログラムが終了するようになりました。

0	break.html:16
1	break.html:16
2	break.html:16
3	break.html:16
4	break.html:16
5	break.html:16

　「break;」という記述を追加することで、繰り返しの処理を中断できたというわけです。

　なお、break;はあくまで繰り返しの処理のみを中断し、プログラム自体の動きは中断しません。そのため、次のようにwhile文の後にプログラムを追加すると、続けてそのまま動作します。

```
11    let num = 0;
12    while (true) {
13        if (num > 5) {
14            break;
15        }
16        console.log(num);
17        num++;
18    }
19    alert("繰り返しから抜けました"); // 警告ウィンドウを表示します
```

　この場合、コンソール画面に5までの数字が表示された後、図のような警告ウィンドウが表示されます。

continue

continueは、breakと似ていますが「繰り返しの処理は中断しないが、それ以降の処理は省略する」という動作をします。次のプログラムを見てみましょう。

プログラム：continue.html

```
11    let num = 0; // 変数numに0を代入します
12    for (let i = 0; i < 3; i++) { // iが0から3未満の間（3回）繰り返します
13        console.log(i); // コンソール画面に変数iの内容を表示する
14        continue; // これ以降の処理を省略します
15        num++; // numにインクリメントで1を加算します（ただしこれは実行されません）
16    }
17    alert("計算結果:" + num); // 警告ウィンドウに計算結果を表示します
```

このプログラムを実行すると、デベロッパーツールのコンソール画面に0、1、2と数字が表示されます。これは、for文により、i=0からi=2（3未満）まで繰り返されていることを示しています。

```
0                                                    continue.html:13
1                                                    continue.html:13
2                                                    continue.html:13
>
```

しかし、警告ウィンドウには「計算結果：0」と表示されます。

「num++」としてインクリメントで1を加算するプログラムは記述されているのですが、その前に「continue」があるため、これは実行されず「num」が0のままになってしまっているためです。

continueはこのように、それ以降の処理を省略し、繰り返しの処理は引き続き行われるようになります。breakと合わせて覚えておきましょう。

 実習問題④

次のように配列を準備します。

```
12        const scores = [70, 80, 90];
```

この配列の内容をすべて加算し、合計を表示しましょう。

実行結果例

> このページの内容
>
> 合計：240点
>
> OK

- **実習データ** ：lab4_total.html
- **補足** ：加算ループはfor of文で実装します。
- **処理の流れ**
  1. 配列に次の値を格納します。

     [70, 80, 90]
  2. 合計を格納する任意の変数を格納します。
  3. for文またはfor of文を使用して、配列の値を加算します。
  4. 加算した合計を表示します。

📄 解答例

プログラム：lab4_total_a.html

```
11      //配列の宣言および値の格納
12      const scores = [70, 80, 90];
13      //合計値の変数宣言および値の格納（初期化）
14      let total = 0;
15
16      //for文またはfor...of文を使用した繰り返し処理
17      for (const score of scores) {
18          total += score;
19      }
20
21      //表示
22      alert("合計：" + total + "点");
```

解説

11	//配列の宣言および値の格納
12	配列scoresに、70, 80, 90をそれぞれ代入します。
13	//合計値の変数宣言および値の格納（初期化）
14	合計の計算用に、変数totalを準備し、初期値として0を代入しておきます。
15	
16	//for文またはfor...of文を使用した繰り返し処理
17	配列scoresの内容を順番に取得して、定数numberに代入しながら配列の要素の個数分だけ繰り返します。
18	変数totalに、配列の各要素を順番に加算していきます。
19	繰り返しの終了。
20	
21	//表示
22	合計点を計算した変数totalを警告ウィンドウに表示します。

　配列の内容をすべて取得する場合にはfor of構文が便利です。これを、代入演算子（+=）を利用して、totalに順番に足し算をして行くことで、合計を取得していきます。

よく起きるエラー ・・・・・・・・・・・・・・・・・・・・・・・・・・・・・・・

　代入演算子と間違えて、単なる代入をしてしまうと、足し算が行われずに最後に代入した値が表示されてしまいます。

プログラム：lab4_total_error.html

```
16      //for文またはfor...of文を使用した繰り返し処理
17      for (const score of scores) {
18          total = score; // 代入演算子と間違えて、単なる代入にしてしまっている
19      }
```

- **エラーの発生場所**　　　:18行目「=」
- **対処方法**　　　　　　　:18行目の「=」を「+=」に変更する。

　すると、ここでは最後に代入した90が表示されてしまいます。

このページの内容

合計：90点

OK

 実習問題⑤

　次の配列を用いて要素の合計点および平均点を算出します。ただし、0未満および100より上の点数は無視して計算しましょう。

```
10      const scores = [80, 100, 120, -60, 0, 90];
```

実行結果例

このページの内容

合計点:270点、平均点:67.5点

OK

- **実習データ**　　　　：**lab5_avarage.html**
- **補足**　　　　　　　：**加算ループはfor文で実装します。**
- **処理の流れ**
  1. **配列の要素で、0以上100以下の値を合計します。**
  2. **配列の要素数と合計から、平均を算出します。**
  3. **合計と平均を表示します。**

📋 解答例

プログラム：lab5_avarage_a.html

```
11    //（記述済み）配列の宣言および値の格納
12    const scores = [80, 100, 120, -60, 0, 90];
13
14    //変数宣言および値の格納（初期化）
15    let total = 0;      //合計点
16    let subjects = 0;   //科目数
17
18    //繰り返し処理
19    //配列の要素で0以上100以下の値を合計
20    for (let i = 0; i < scores.length; i++) {
21        //値が0未満、100より大きい場合、処理をスキップ
22        if (scores[i] < 0 || scores[i] > 100) {
23            continue;
24        }
25        //合計点の計算
26        total += scores[i];
27        //科目数の加算
28        subjects++;
29    }
30
31    //平均点の計算
32    const average = total / subjects;
33    //表示
34    alert("合計点：" + total + "点、平均点：" + average + "点");
```

解説

11	//（記述済み）配列の宣言および値の格納
12	点数を列記した配列scoresを準備します。
13	
14	//変数宣言および値の格納（初期化）
15	合計を記録する変数totalを準備して0を代入します。

16	平均を求めるための科目数を記録する変数subjectsを準備して0を代入します。
17	
18	//繰り返し処理
19	//配列の要素で0以上100以下の値を合計
20	配列scoresの要素の数を、lengthプロパティで取得してその数だけ繰り返します。
21	//値が0未満、100より大きい場合、処理をスキップ
22	配列の要素を取得し、その数字が0未満または100よりも上だった場合。
23	continueでそれ以降の処理を省略して、繰り返し処理を引き続き行います。
24	if文の終了。
25	//合計点の計算
26	合計点に得点を加算します。
27	//科目数の加算
28	科目数に1を加算します。
29	繰り返しの終了。
30	
31	//平均点の計算
32	合計点÷科目数で平均点を求めます。定数avarageに代入します。
33	//表示
34	警告ウィンドウに、合計点と平均点を表示します。

　平均点を求めるには、合計点と科目数が必要です。ただし、今回のプログラムでは配列の中に0未満の値や100より上の値が代入されているため、配列の要素の数は科目数と一致しません。

　そこで、繰り返し構文で各配列の内容を検査しながら、異常な数字の場合は「conitnue」で処理を省略しながら繰り返し処理を行います。これによって、正常な数字のみで計算を行うことができます。

　なお、continueを利用せず、if文だけでの記述も可能です。どちらでも問題ありませんが、if文の中の処理が長い場合などは、continueで省略するとプログラム全体がすっきりします。

プログラム：lab5_avarage_a2.html

```
18      //繰り返し処理
19      //配列の要素で0以上100以下の値を合計
20      for (let i = 0; i < scores.length; i++) {
21          // 配列の要素が0以上、100以下の場合
22          if (scores[i] >= 0 && scores[i] <= 100) {
23              //合計点の計算
24              total += scores[i];
25              //科目数の加算
26              subjects++;
27          }
28      }
```

よく起きるエラー ・・・・・・・・・・・・・・・・・・・・・・・・・・・・・・・・・・・・・・

　ここでは、論理演算子 (||) を利用しています。「0未満か"または"100より上」という条件を作るためですが、論理演算子を間違えて利用すると、条件が成り立たなくなるので注意しましょう。

プログラム：lab5_avarage_error.html
21 　　　　　//値が0未満、100より大きい場合、処理をスキップ
22 　　　　　if (scores[i] < 0 && scores[i] > 100) { // 論理演算子に「&&（かつ）」を利用してしまっている
23 　　　　　　　continue;
24 　　　　　}

● **エラーの発生場所：22行目「&&」**
● **対処方法　　　　：22行目の「&&」を「||」に変更する。**

　この場合、「配列の要素が0未満で、かつ100より上」という条件になってしまいます。このような数字は存在し得ないため、この条件が満たされることはありません。このため、-60や120などの数字も計算されてしまって、計算結果は正しいものではなくなってしまいます。条件が成り立つものかをしっかり確認しましょう。

3-6 関数

いくつかの処理をひとまとまりにして、名前を付けたものを「関数」といいます。関数は自分で定義することもでき、プログラムの内容をわかりやすくしたり、同じ処理を何度も再利用できるようにしたりなど、便利に活用できます。

3-6-1 関数とは

例えば、文字列となっている数字を、数字型に変換するには「parseInt」が利用できると 3-3-5 で紹介しました。「parseInt」は「関数」の1つです。次の例では12行目で「parseInt」を使用しています。

プログラム：parseInt.html

```
11    const num = "123"; // 定数numに文字列としての「123」を代入します
12    const numInt = parseInt(num); // 定数numIntに、parseIntで数値型に変換したnumを代
                                    入します
13
14    alert(numInt); // numIntの内容を警告ウィンドウに表示します
```

関数は、呼び出すと一連の処理を行って、結果を返してくれるという役割を持っています。

> 関数は英語の「function」を翻訳したものだけど、functionには「機能」といった意味もあるので、ここでは何かの機能を呼び出すみたいなイメージだよ。

🟢 関数は自作できる

関数は「parseInt」などのように、あらかじめJavaScriptに準備されているものもありますが、自分で定義することで、オリジナルの関数を作ることもできます。関数を作ると、次のようなメリットがあります。

● **再利用できるようになる**

一度関数を定義すれば、その関数を何度も再利用できるため、同じような処理を何度も記述する必要がなくなります。

- **メンテナンス性が上がる**

　同じ処理が様々な場所に記述されていると、もしその処理に変更を加えたいときにすべてを書き換えなければなりません。書き換え間違えや書き換え忘れも起こる可能性があり、メンテナンス性の悪いプログラムになってしまいます。しかし、関数を定義してそれを再利用すれば、関数の定義をメンテナンスすることでプログラム全体が正常に動作することが確認できるため、メンテナンス性が高くなります。

- **処理の内容が明確になる**

　関数には、「関数名」を付けることができます。例えば先の「parseInt」は「解析して (parse)、整数 (Int) にする」といった役割や機能が明確にわかる名前になっていて、プログラムを見るだけで何をしているのかがわかりやすくなります。

3-6-2　関数を定義する

　それでは、実際に関数を定義してみましょう。関数の定義の方法はいくつかありますが、ここでは「**アロー関数**」という関数の定義方法を紹介します（そのほかの関数の定義方法は、Reference で紹介します）。

プログラム：func.html

```
11    const func = () => { // funcという名前の関数を定義します
12        return "関数"; // 「関数」という文字列を戻り値として返します
13    }
14
15    const data = func(); // dataという定数にfunc関数の戻り値を受け取ります
16    alert(data); // data定数を警告ウィンドウに表示します
```

　このプログラムを実行すると、警告ウィンドウに「関数」という文字列が表示されます。

　15行目を見てみましょう。

```
15    const data = func();
```

ここで、dataという定数にfuncという関数の結果を代入しています。この「func」という関数は、標準のJavaScriptには準備されておらず、11〜13行目で新しい関数を定義しています。

```
11          const func = () => {
12              return "関数";
13          }
```

　関数の定義（アロー関数）は次のような書式で記述します。

構文	const 関数名 = (引数) => {
	　　関数内で行う処理
	　　return 戻り値
	}

　関数名には定数名・変数名と同様に、英数字とアンダースコアが使え、先頭は英文字というルールで自由な名前を付けます（すでに定義されている関数名などと同じ名前（予約語といいます）は付けられません）。
　「() =>」という見慣れない記述がありますが、これが「アロー関数」という関数定義の方法です。

> => という記号がアロー（弓矢）のように見えることからこの名前が付けられたよ。

　この中に処理を記述することで、関数を呼び出すだけで一連の処理を行うことができます。処理をした結果は、「return」に続けて記述します。ここでは、単に「関数」という文字列だけを返しました。この値のことを「戻り値」といいます。
　こうして、関数を宣言すると、その行以降で「func」関数が使えるようになります。

そのほかの関数定義の方法

関数定義の方法には、本文で紹介したアロー関数のほかに、「関数宣言」と「関数式」という2つの方法があります。それぞれ紹介します。

● 関数宣言

もっとも古くから利用されている宣言の方法です。

プログラム：func2.html

```
11      function func() {
12          return "関数";
13      }
```

「function」という宣言の後に関数名を付加します。

● 関数式

アロー関数に似た宣言の方法です。アロー関数は、この間数式をより簡単に書けるようにしたものです。

プログラム：func3.html

```
11      const func = function() {
12          return "関数";
13      }
```

いずれも書き方が多少異なる程度で、機能的な違いはありません。特別な理由がなければ、アロー関数を利用するのがよいでしょう。

戻り値の省略

戻り値は必須というわけではなく、省略することもできます。例えば、次のプログラムは、呼び出すと警告ウィンドウに「関数」と表示するだけで、戻り値がない関数の例です。

プログラム：func4.html

```
11      const func = () => {
12          alert("関数"); // 警告ウィンドウに「関数」と表示する
13      }
14
15      func(); // 警告ウィンドウが表示される
```

この場合、関数を呼び出すだけで警告ウィンドウが表示されます。

このページの内容

関数

OK

戻り値がない場合は、定数・変数で受け取る必要がないため、次のように呼び出すことができます。

```
15        func();
```

無名関数

　関数式やアロー関数の場合、「関数名」をあらかじめ付加せずに関数を定義しています。これを「無名関数」と呼びます。無名関数は、定数などに代入することで、その定数名が関数の名前になります。

　なお、3-7では、この無名関数を無名のまま利用するという例が出てくるため、そこで改めて紹介します。

関数宣言と関数式、アロー関数の違い

　関数宣言と、関数式やアロー関数には1つ大きな違いがあります。次のアロー関数の例を見てみましょう。

プログラム：func5.html

```
11        alert(func()); // func関数の呼び出しを宣言よりも先になるように変更
12
13        const func = () => {
14            return "関数";
15        }
```

　このプログラムは、次のようなエラーが発生してしまって動作しません。

デベロッパーツールのコンソールに表示されるエラーメッセージ

```
Uncaught ReferenceError: Cannot access 'func' before initialization
```

　「fancの宣言の前にアクセスすることはできません」というエラーメッセージですが、宣言される前の関数を使用したときなどに表示されます。

　関数を使う場合は、宣言よりも後に実際に利用するプログラムを記述しなければなりません。しかし、関数宣言を使うとこれが起こりません。

```
プログラム：func6.html
11        alert(func());
12
13        function func() { // 関数の宣言を、関数宣言に変更
14            return "関数";
15        }
```

こうすると、エラーは発生せずに正しくプログラムが動作します。

関数宣言で宣言された関数は、プログラムが実行する前に、どのような関数が定義されているかを確認し、それからプログラムが実行されます。これを「関数の巻き上げ」といいます。

しかし、関数式やアロー関数の場合は、この巻き上げが発生しないため、宣言よりも前にその関数を使うプログラムを書くことができません。実際にはこれが影響することはあまりありませんが、念のため両者の違いとして覚えておくとよいでしょう。

● returnの省略

アロー関数には「func.html」のような、処理の中にreturnしかない場合に、もっと簡単に書ける書式があります。

構文	**const 関数名 = (引数) => 戻り値 ;**

returnや中括弧（{}）を省略して、直接戻り値を記述できます。「func.html」を次のように書き換えてみましょう。

```
プログラム：func7.html
01        const func = () => "関数"; // 戻り値を直接記述する書式に書き換え
02
03        const data = func();
04        alert(data);
```

簡単な処理の場合は、こうして短く記述することができます。

3-6-3 パラメータを受け取る

「parseInt」関数では、数値型にしたい文字列を次のように「引数」として渡していました。

```
const numInt = parseInt("123"); // 123を数値型に変換する
```

　同様に、自分で定義した関数でも引数を受け取ることができます。ここでは、2つの値を受け取って、その足し算の結果を得られる「sum」という関数を定義してみましょう。

プログラム：func_sum.html

```
11    const sum = (num1, num2) => { // sumという関数をアロー関数定義します
12        return num1 + num2; // パラメータを足し算してその結果を戻り値とします
13    }
14
15    const answer = sum(10, 20); // 引数に10と20を指定し、戻り値をanswer定数で受け取ります
16    alert(answer); // answerの内容を警告ウィンドウで表示します
```

　このプログラムを実行すると、警告ウィンドウには10+20の結果の30が表示されます。

```
このページの内容

30

                    OK
```

　11行目を見てみましょう。

```
11    const sum = (num1, num2) => {
```

　関数宣言のカッコの中に、変数の名前を必要な数だけカンマ区切りで指定します。すると、関数を呼び出すときにそれと対応するように、値などを指定できます。

```
15    const answer = sum(10, 20);
```

　そのまま、関数の内部で変数として利用すると、渡された引数の値を使って計算などを行うことができるようになります。このようにして、引数によって関数の動きを制御することができます。

3-6-4 レスト引数

引数は、先の通りカッコ内に記述した個数だけ指定することができます。

プログラム：func_rest.html

```
11      const sum = (num1, num2) => {
12          return num1 + num2;
13      }
14
15      const answer = sum(10, 20); // 定義されている引数が2つなので2つ指定する
16      alert(answer);
```

定義されている数とは違う個数を指定すると、エラーになります。

プログラム：func_rest2.html

```
11      const sum = (num1, num2) => {
12          return num1 + num2;
13      }
14
15      const answer = sum(10, 20, 30); // 引数の数が合わないため、エラーになる
16      alert(answer);
```

ただし、関数の引数を「レスト引数」という方法で定義すると、数を変化させることができます。次のように定義してみましょう。

プログラム：func_rest3.html

```
11      const useRestParam = (num, ...args) => { // useRestParam関数を定義します
12          for (const value of args) { // レスト引数「args」の要素を1つずつ取り出します
13              alert(value); // 取り出した値をvalue変数に代入して、警告ウィンドウに表示
                             します
14          }
15      }
16
17      useRestParam(1, 2, 3); // useRestParam関数を呼び出します
```

これを実行すると、2、3と警告ウィンドウが続けて表示されます。

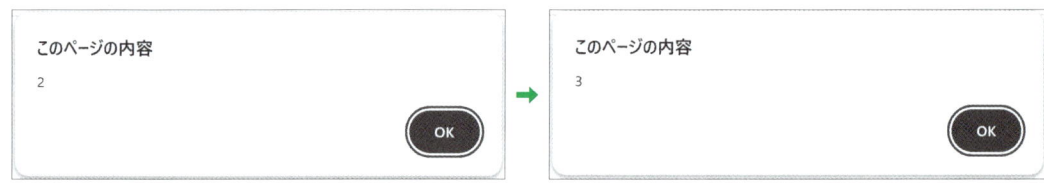

ここでは、レスト引数として「args」という引数を準備しました (argsは、argumentsの略称で「引数」という意味)。

レスト引数にしたい場合は、先頭に「...」とドット記号を3つつなげます。レスト引数にすると、引数をいくつでも指定することができます。ただしここでは、1つめの引数として「num」が指定されているため、レスト引数になるのは2つめの引数以降であり、今回の場合は次のように呼び出しているので、2と3がレスト引数に渡されます。

```
17        useRestParam(1, 2, 3); //  1つめの引数はnumへの指定になる
```

レスト引数は配列として受け取ることができるので、これを繰り返し構文で取り出していきます。

```
12            for (const value of args) {
```

後は、この「value」変数を利用すれば引数の値を1つずつ処理することができます。ここでは、警告ウィンドウに表示してみました。

引数の数が決まっていない場合は、レスト引数を利用するとよいでしょう。

> レスト引数は引数の最後に指定する必要があるよ。「(...args, num)」と、通常の引数を後には書き足せないので注意しよう。

 ## デフォルト引数

引数には、初期値を代入することができます。これを「デフォルト値」(Default：標準といった意味) といい、デフォルト値が指定された引数を「デフォルト引数」と呼びます。「func_sum.html」のプログラムを次のように変更してみましょう。

```
プログラム：func_default.html
11          const sum = (num1, num2=0) => { // 関数sumを定義し、num2にデフォルト値を指定します
12              return num1 + num2; // num1 + num2の結果を戻り値として返します
13          }
14          alert(sum(5)); // 引数を1つだけ指定して呼び出します
15          alert(sum(5, 10)); // 引数を2つ指定して呼び出します
```

このプログラムを実行すると、最初は「5」、2回目は「15」と2回警告ウィンドウが表示されます。

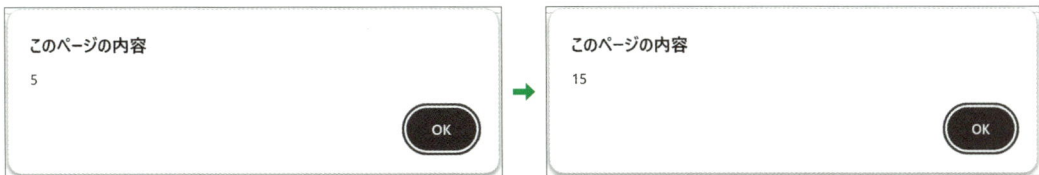

このプログラムでは、sum関数を2回呼び出していますが、引数の個数が異なっています。

```
14          alert(sum(5));
15          alert(sum(5, 10));
```

今回定義した「sum」という関数は、2つ目の引数にデフォルト値を設定しているため、パラメータを1つ指定して呼び出しても、エラーにはなりません。2つ目の引数は「デフォルト値」として0となり、5+0で5がそのまま戻り値となります。

2回目の呼び出しでは、引数を2つ指定しています。この場合、デフォルト値は無視され、指定された値がnum2に代入されます。これにより、5+10で15が戻り値になるというわけです。

このようにして、デフォルト引数を設定しておくと、呼び出すときに引数を省略することができます。

デフォルト引数は、引数の最後にする必要があるよ。「num1=0, num2」という定義はできないので注意しよう。

複数のデフォルト引数がある場合

デフォルト引数は複数指定することもできます。次の例を見てみましょう。

```
const func = (param1, param2=0, param3=0) => {
...
}
```

この場合、呼び出すときは、次のように各引数を省略して呼び出すことができます。

```
func(1); // param2, param3を省略
func(1, 2); // param3を省略
func(1, 2, 3); // すべての引数を指定
```

ただこの場合、「param2」だけを省略するということはできません。例えば、次のように呼び出そうとするとエラーになります。

```
func(1, , 3); // 2つめの引数を省略したいが、この指定はできません
```

3つめの引数に値を指定したい場合は、2つの引数にも値を指定する必要があります。このとき、デフォルト値と同じ値を指定しても構いません。そのため、次のように呼び出すとエラーになりません。

```
func(1, 0, 3); // 2つめの引数をデフォルト値と同じものにする
```

省略される可能性が高い引数ほど、後ろの方に定義するとよいでしょう。

3-6-6 スコープ

次のプログラムを見てみましょう。

プログラム：func_scope.html

```
11      const func = () => { // funcという関数名の関数を定義する
12          const message = "関数が呼ばれました"; // messageという定数に「関数が呼ばれました」と代入する

13      }
```

ここでは、戻り値を利用せずに「message」という定数を準備して値を代入しています。この定数を、直接関数の外から参照して、画面に表示できたら便利ではないでしょうか？

プログラム：func_scope2.html

```
11      const func = () => {
12          const message = "関数が呼ばれました";
13      }
```

14	
15	`func(); // 定義した関数を実行する`
16	`alert(message); // message定数を警告ウィンドウに表示しようと思っている`

しかし、このプログラムは、実行しても動作せず、次のようなエラーが発生します。

デベロッパーツールの「コンソール」タブに表示されるエラーメッセージ

`Uncaught ReferenceError: message is not defined`

エラーの内容としては「messageが定義されていない」と表示されていますが、実際には定義されていないのではなく、関数の外からは定数の内容を参照できないために発生しています。

関数の中で宣言した定数や変数は、関数の外から参照することができません。こうした定数や変数が参照できる範囲のことを「**スコープ**」といい、ここではmessageという定数は関数内の「ローカルスコープ」にあるため、外部からは参照できなくなっています。なぜこのような仕組みになっているのでしょうか?

プログラムが大規模になっていくと、非常に多くの関数が宣言されます。このとき、すべての定数・変数をすべての関数や処理から参照できるようになってしまうと、うっかり同じ変数名で別の値を代入してしまうなど、事故が起こりやすくなります。

そこで定数や変数は基本的に、宣言された関数の中でだけ利用できるようになっているのです。

● グローバルスコープ

ただし、先のプログラムを正しく動作させる方法が1つあります。それは、message定数（変数）の宣言をfunc関数の外で行うことです。次のように変更しましょう。

プログラム：func_scope3.html

11	`let message = ''; // 変数として関数の外で宣言を行う（letに変わっていることに注意）`
12	`const func = () => {`
13	`    message = "関数が呼ばれました"; // 関数の外で宣言された変数に代入する`
14	`}`
15	
16	`func();`
17	`alert(message);`

こうすると、警告ウィンドウには正しく値が代入され、「関数が呼ばれました」と表示されます。このように、関数の外で宣言された定数や変数は、関数の中でも参照することができます。定数や変数の参照範囲がページ内のすべての場所であることを「**グローバルスコープ**」といいます。

グローバルスコープにする場合は、「const」（定数）で宣言してしまうと後からほかの値を代入できなくなるため、「let」（変数）で宣言していることに気を付けましょう。

こうして、変数を共有することができますが、これもあまり好ましいプログラムとはいえません。次の例を見てみましょう。

```
プログラム：func_scope4.html
11    let message = '';
12    const func = () => {
13        let message = "関数が呼ばれました"; // 変数の代入時に「let」を追加し、宣言し
                                              直しました
14    }
15
16    func();
17    alert(message);
```

このプログラムを実行すると、警告ウィンドウには何も表示されません。関数の中で「message」という変数に値を代入していますが、先頭に「let」という変数を宣言するための記述があるため、ここでは「message」という関数内だけのローカルスコープ変数の宣言に変わってしまいました。

つまりこのプログラムには、グローバルスコープの「message」とローカルスコープの「message」という同じ名前の変数が存在している状態です。そしてこの関数の中からは、グローバルスコープの「message」は利用できなくなってしまいました。

このように、変数のスコープはかなりややこしいので、これに頼ってプログラムを作成するのは危険です。関数と値をやり取りするときは、引数と戻り値をうまく活用してやり取りするようにしましょう。

3-6-7 変数の巻き上げ

変数の宣言には、「**変数の巻き上げ**」という現象にも注意が必要です。次のプログラムを見てみましょう。

```
プログラム：hoisting.html
11    const scope = "globalScope"; // グローバルスコープのscope定数を準備し、
                                    「globalScope」という値を代入します
12
13    const func = () => { // 関数を宣言して「func」と名付けます
14        alert(scope); // グローバルスコープの「scope」を警告ウィンドウに表示します
15    }
16    func(); // func関数を呼び出します
```

この場合、先の通り「scope」という定数がグローバルスコープになっているため、関数の中でも利用することができ、警告ウィンドウには「globalScope」と表示されます。

　では、この後で同じ名前のローカルスコープの定数を宣言しようとするとどうなるでしょうか？

プログラム：hoisting2.html

```
11        const scope = "globalScope";
12
13        const func = () => {
14            alert(scope);
15            const scope = "localScope"; // ローカルスコープの定数「scope」を宣言します
16            alert(scope); // ローカルスコープの定数の内容を表示しようとしています
17        }
18        func();
```

　このプログラムを実行すると、最初はグローバルスコープの定数の内容（globalScope）が表示され、その後ローカルスコープの定数の内容（localScope）が表示されることを期待します。しかし実際には、次のようなエラーが表示されてプログラムは実行されません。

デベロッパーツールのコンソールに表示されるエラーメッセージ

```
Uncaught ReferenceError: Cannot access 'scope' before initialization
```

　このエラーは「scopeの宣言の前にアクセスすることはできません」という意味です。これは、「scope」という定数が関数内で宣言されているため、グローバルスコープの定数が見えなくなっているからです。さらに、宣言が「alert」の次の行にあるため、まだ宣言されていない変数にアクセスしようとしているとしてエラーになってしまっています。

　この場合、ローカルスコープの定数は名前を変える必要があります。

プログラム：hoisting3.html

```
11        const scope = "globalScope";
12
13        const func = () => {
14            alert(scope);
15            const scope2 = "localScope"; // ローカルスコープの定数は名前を「scope2」に変
                                           更する
16            alert(scope2); // scope2の内容を警告ウィンドウに表示する
17        }
18        func();
```

実習問題

引数を受け取って、その合計を求める関数を定義しましょう。

実行結果

```
このページの内容

合計：240点

                              OK
```

- 実習データ　　　：lab1_function.html
- 補足　　　　　　：関数名、引数名は任意です。以降の問題も、指定がない場合は関数名および引数名は任意とします。
- 処理の流れ
  1. 3つの引数を受け取り、合計を計算する関数を定義します。結果をreturnで返します。
  2. 定義した関数を利用します。引数として70、80、90の3つの値を関数に渡し、呼び出し元では計算結果を受け取ります。
  3. 呼び出し元で、受け取った計算結果を表示します。

解答例

プログラム：lab1_function_a.html

```
11        //関数の定義
12        const total = (x, y, z) => {
13            const plus = x + y + z;
14            return plus;
15        }
16
17        //関数の呼び出し
18        const score = total(70, 80, 90);
19        alert("合計：" + score + "点");
```

11	//関数の定義
12	関数totalを宣言し、x、y、zの3つの引数を受け取る。
13	定数plusに、x+y+zを計算した結果を代入する。
14	計算結果を戻り値として返す。
15	関数の定義の終了。
16	
17	//関数の呼び出し
18	定数scoreに、今宣言したtotal関数の結果を代入する。引数として70, 80, 90を指定する。
19	定数scoreを警告ウィンドウに表示する。

関数の宣言にはアロー関数のほか、関数宣言と関数式を使った方法を利用することができます。

プログラム：lab1_function_a2.html

```
11    //関数の定義
12    function total(x, y, z) {
13        const plus = x + y + z;
14        return plus;
15    }
```

プログラム：lab1_function_a3.html

```
11    //関数の定義
12    const total = function(x, y, z) {
13        const plus = x + y + z;
14        return plus;
15    }
```

WebページでJavaScriptを利用する場合、ページを表示したらすぐに実行する だけでなく「ユーザーがボタンをクリックした」「一定時間が経った」などのタイミン グで動作するプログラムが必要になります。ここで活躍するのが「**イベント**」です。

3-7-1 ボタンのクリックでメッセージを表示する

ここでは、図のようなボタンを準備しておき、これがクリックされたら警告ウィンドウが表示されるよ うなプログラムを作成してみましょう。まずは、ボタンのHTMLを準備します。

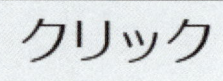

プログラム：click.html

```
10    <button id="btn">クリック</button>
```

このボタンをJavaScriptで制御していきましょう。

> ボタンを作るとき、<input>タグを使う場合もあるよ。<button>タグの方が スタイルシートなどで見た目を整えやすいので、現在はこちらがよく使われて いるよ。

まずはその前に、このボタンがクリックされたときに行いたい処理を、関数で定義しておきましょう。

プログラム：click2.html

```
10    <button id="btn">クリック</button>
11    <script>
12    const func = (e) => { // funcという関数を定義します
13        alert("ボタンがクリックされました"); // 警告ウィンドウを表示してメッセージを
                                                表示します
14        alert(e.target.id); // イベントで受け取ったパラメータのid属性を表示します
15    }
16    </script>
```

HTMLの要素を取得する

HTMLの要素をJavaScriptで制御するには、JavaScriptで要素を取得する必要があります。16、17行目に次のように追加してみましょう。

プログラム：click3.html

```
12        const func = (e) => {
13            alert("ボタンがクリックされました");
14            alert(e.target.id);
15        }
16
17        const btnElement = document.getElementById("btn"); // id属性がbtnの要素を取得します
```

document.getElementByIdは、「id属性を元に、HTMLの要素を取得する」という処理（メソッドといいます）です。これにより、「btnElement」という定数によって、ボタンを制御できるようになります。

イベントリスナーを定義する

ボタンにイベントを割り当てる方法としてはいくつかありますが、ここではもっとも一般的な「**イベントリスナー**」という方法を利用しましょう。「addEventListener」というメソッドを利用します。

構文	**要素 .addEventListener(イベントの種類 , イベントの内容 , オプション);**

3つめのパラメータは省略可能です。ここでは、今取得したボタンの要素を使って、18行目に次のように追加しましょう。

プログラム：click4.html

```
18        btnElement.addEventListener('click', func);
```

このプログラムを実行すると、最初はボタンが表示されるだけですが、ボタンをクリックすると警告ウィンドウが表示されます。

プログラムを動作するタイミングを制御することができました。

無名関数で定義する

先のプログラムでは、イベント発生時に動作する関数に関数名を付加していました。しかし、この関数はこのイベントでしか利用されることがありません。このようなときに「無名関数」が役に立ちます。

<script> タグ内の内容をすべて次のように書き換えましょう。

プログラム：click5.html

```
12        const btnElement = document.getElementById("btn");
13        btnElement.addEventListener('click', (e) => { // 無名関数で直接指定します
14            alert("ボタンがクリックされました");
15            alert(e.target.id);
16        });
```

このように、直接アロー関数を指定することで、関数名を付けることなく関数を指定することができます。無名関数はこんなときに便利です。

関数式の書き方（function(e) {...}）でも指定できるよ。

3-7-2 イベントオブジェクト

「click5.html」の15行目を見てみましょう。

```
15            alert(e.target.id);
```

これを実行すると、警告ウィンドウには「btn」と表示されます。

これは、クリックしたボタンのid属性に指定した値です。ボタンをクリックすると、「**イベントオブジェクト**」（オブジェクトについては4-1参照）が渡されます。これには、イベントに関する様々な情報を知ることができたり、制御できるメソッドが含まれていたりします。ここでは、無名関数のパラメータとして、イベントオブジェクトを「e」という変数で受け取りました。

```
(e) => {
    ...
}
```

> イベントオブジェクトの受け取りには「e」がよく使われるよ。

利用できるプロパティやメソッドを紹介します（プロパティやメソッドについては4-1参照）。

target	イベントの発生源のオブジェクトを返します。
type	イベントの名前を文字列で返します。
preventDefault()	規定のイベントの処理を中止します。例えば、フォーム送信などを中断させることができます。

3-7-3 そのほかのイベント定義

イベントの定義には、「**イベントハンドラ**」を使った方法もあります。これは、要素の「onclick」というクリックイベントを管理するプロパティ（ハンドラ）に、関数を割り当てるという方法です。

プログラム：click6.html

```
12        const func = (e) => {
13            alert("ボタンがクリックされました");
14            alert(e.target.id);
15        }
16
17        const btnElement = document.getElementById("btn");
18        btnElement.onclick = func; // onclickイベントに、func関数を指定する
```

イベントハンドラとは

イベントハンドラとは、イベントを発動させるための鍵となるもので、様々なイベントにイベントハンドラが準備されています。ここでは、「クリック」というイベントに反応するために「onclick」イベントハンドラを利用しました。

HTML属性を利用する

イベント定義にはもう1つ、HTMLの属性としてイベントハンドラを指定する方法もあります。次のように変更してみましょう。JavaScriptはすべて削除して構いません。

```
プログラム：click7.html
10     <button id="btn" onclick="alert('ボタンがクリックされました');">クリック</button>
```

このプログラムを実行すると、これまでと同様ボタンをクリックすると警告ウィンドウが表示されます。この場合、「onclick」属性の中にプログラムをすべて含めてしまっているため、<script>タグ自体が不要になります。ちょっとしたプログラムを動かしたいときなどに便利です。

なお、属性に含める場合はJavaScriptの中でダブルクォーテーション記号 (") が利用できません。文字列を扱うときなどはシングルクォーテーション記号 (') を利用するようにしましょう。

3-7-4 ロード時にメッセージを表示する

次にWebページがロードされたときに発生するイベントについて見ていきましょう。次のようなプログラムを作成します。

```
プログラム：load.html
11     window.addEventListener('load', () => { // ウィンドウがロードされたときのイベント
                                                 を定義します
12        alert("ようこそ"); // 警告ウィンドウを表示します
13     });
```

このプログラムを実行すると、警告ウィンドウが表示されて「ようこそ」と表示されます。一見すると、本書の最初の方で作成した、次のプログラムと変わりません。

```
プログラム：load2.html
11     alert("JavaScriptが実行されました"); // イベント定義をせずに直接プログラムを記述
```

しかし、このような書き方の場合、<script>タグを記述する場所によっては正しく動作しないことがあります。HTMLのロードが終わりきらないうちにプログラムが動き出してしまうため、タイミングが制御できないからです。

windowのloadイベントで処理を行うようにすれば、Webブラウザーのロード処理が終わり、JavaScriptを動作させても問題ないタイミングで発動してくれるようになります。

そのため、先に紹介したイベントの定義も、実際にはloadイベントの中に収めた方がより安心です。

プログラム：load3.html

```
10    <button id="btn">クリック</button>
11    <script>
12        window.addEventListener('load', () => { // Webページのロード時のイベントに無名関
                                                           数を指定します
13            const btnElement = document.getElementById("btn");
14            btnElement.onclick = (e) => {
15                alert("ボタンがクリックされました");
16                alert(e.target.id);
17            };
18        });
19    </script>
```

✏️ 実習問題①

次のHTMLコードを記述したファイルを準備します。

```
10        <p>生徒の名前を表示する <button id="btn">click</button></p>
```

id属性に「btn」と付加されたボタンをクリックしたら、警告ウィンドウに「富士通 太郎」と名前を表示するプログラムを作成しましょう。

実行結果

> このページの内容
>
> 富士通 太郎
>
> OK

- **実習データ**　　：lab1_event.html
- **処理の流れ**
  1. 定数を準備し、ボタンオブジェクトを格納します。
  2. ボタンのクリックイベントを監視し、「富士通 太郎」と警告ウィンドウに表示します。

📋 解答例

12	//ボタン要素の取得
13	const btnElement = document.getElementById("btn");
14	
15	//イベントリスナーの設定
16	btnElement.addEventListener("click", () => {
17	alert("富士通 太郎");
18	});

解説

12	//ボタン要素の取得
13	getElementByIdメソッドでid属性が「btn」となっている要素を取得します。
14	
15	//イベントリスナーの設定
16	ボタンオブジェクトのクリックイベントを監視します。
17	警告ウィンドウに「富士通 太郎」と表示します。
18	イベント定義の終了。

　イベントの定義は、解答例の「イベントリスナー」ほか、イベントハンドラを利用した方法などもあり、どちらも同じ動きをします。

プログラム：lab1_event_a2.html

15	//onclickイベントハンドラの設定
16	btnElement.onclick = () => {
17	alert("富士通 太郎");
18	}

 ## よく起きるエラー ・・・・・・・・・・・・・・・・・・・・・・・・・・・

　id属性は正しく指定しましょう。間違えているとイベントが発動しません。

プログラム：lab1_event_error.html

12	//ボタン要素の取得
13	const btnElement = document.getElementById("xxx"); // 指定するid属性を間違えている

- **エラーの発生場所：13行目「xxx」**
- **対処方法　　　　：13行目の「xxx」を「btn」にする。**

実習問題②

次のHTMLコードを記述したHTMLファイルを準備します。

10	`<p>生徒の名前を表示する <button id="btn">click</button></p>`
11	`<p>年齢：<input type="text" id="txt" value="16"></p>`

各要素の次の各イベントに対して、それぞれのプログラムを作成しましょう。

- ウィンドウがロードされたときに「ページを読み込みました」と表示します。
- ボタンがクリックされたときに「富士通 太郎」と表示します。
- テキストフィールドの内容を変更してフォーカスを外したときに「値が変更されました」と表示します。

なお、テキストフィールドの内容の変更には「change」というイベントを利用しましょう。

- 実習データ　　　　：lab2_otherEvent.html
- 処理の流れ
  1. ページの読み込みのイベント（load）に、イベントリスナーで「ページを読み込みました」と警告ウィンドウを表示する処理を割り当てます。
  2. ボタンクリックのイベント（click）に、イベントリスナーで「富士通 太郎」と警告ウィンドウに表示する処理を割り当てます。
  3. テキストフィールドの値が変更されたときのイベント（change）に、イベントリスナーで「値が変更されました」と警告ウィンドウに表示する処理を割り当てます。

🗒 解答例

プログラム：lab2_otherEvent_a.html

```
13      //ページ読み込みに関する処理
14      window.addEventListener('load', () => {
15          alert("ページを読み込みました");
16      });
17
18      //ボタンクリックに関する処理
19      const btnElement = document.getElementById("btn");
20      btnElement.addEventListener('click', () => {
21          alert("富士通 太郎");
22      });
23
24      //入力値が変更されたときの処理
```

```
25    const txtElement = document.getElementById("txt");
26    txtElement.addEventListener('change', () => {
27        alert("値が変更されました");
28    });
```

解説

13	//ページ読み込みに関する処理
14	ウィンドウのloadイベントのイベントリスナーを定義します。
15	警告ウィンドウに「ページを読み込みました」と表示します。
16	イベント定義の終了。
17	
18	//ボタンクリックに関する処理
19	id属性がbtnとなっている要素を取得します。
20	ボタンのclickイベントのイベントリスナーを定義します。
21	警告ウィンドウに「富士通 太郎」と表示します。
22	イベント定義の終了。
23	
24	//入力値が変更されたときの処理
25	id属性がtxtとなっている要素を取得します。
26	テキストフィールドのchangeイベントのイベントリスナーを定義します。
27	警告ウィンドウに「値が変更されました」と表示します。
28	イベント定義の終了。

　getElementByIdメソッドの戻り値に、直接イベントリスナーをつないで、次のように短く書くこともできます。

プログラム：lab2_otherEvent_a2.html

```
18    //ボタンクリックに関する処理
19    document.getElementById("btn").addEventListener('click', () => {
      // 定数で一回受け取らずに直接イベントリスナーを定義
20        alert("富士通 太郎");
21    });
22
23    //入力値が変更されたときの処理
24    document.getElementById("txt").addEventListener('change', () => {
25        alert("値が変更されました");
26    });
```

オブジェクトの
作成と使用

4-1 オブジェクト

　一連の処理をまとめたものを「関数」と呼びました。この関数をさらに、関連した「もの」ごとにグループにまとめることができます。これを「オブジェクト」といいます。

 ## 今日の日付を表示する

　実行すると、今日の日付を表示するプログラムを作成してみましょう。今回は、西暦年、月、日、時間を順番に取得していくプログラムを作ります。

このページの内容

2024年5月5日14時21分58秒

OK

　まずは、今の「年」を表示してみます。次のようなプログラムになります。

プログラム：date.html

```
11    const now = new Date(); // 新しいDateオブジェクトを準備し、nowに代入します
12    alert(now.getFullYear() + "年"); // nowインスタンスのgetFullYearメソッドで今年の
                                          年を取得し、警告ウィンドウに表示します
```

　このプログラムを実行すると、実行したその日の「年」が表示されます。

このページの内容

2024年

OK

　このプログラムを詳しく見ていきましょう。

Date オブジェクト

```
11          const now = new Date();
```

　11行目でconstで定数を宣言していますが、そこに代入している値が見慣れない書き方になっています。これは、「Dateオブジェクトの新しいインスタンスを定義する」という操作です。

● オブジェクト

　オブジェクト（Object）とは「もの」という意味の英単語で、関連する関数や変数などをひとまとまりにしたものです。例えば、Dateオブジェクトは、日付や時間に関するものをまとめて管理しています。

11行目の場合は「Date」がオブジェクトを表しているよ。

● インスタンス

　オブジェクトは基本的にはそのままでは利用することができず、これを「実体」にする必要があります。そこで先のように定数などを宣言して、そこに「new」というキーワードを使うことで「インスタンス」にしています。インスタンス（Instance、実体）とは、オブジェクトを実際に利用できる形にするための定数・変数のことです。

11行目の場合は「new Date()」でDateオブジェクトのインスタンスを作っているよ。

　この操作により、「now」という定数は「Dateオブジェクトのインスタンス」となり、Dateオブジェクトの各機能が利用できるようになったというわけです。

「new Date()」が「now」に代入されたことで、「now」がDateオブジェクトのインスタンスになったんだね。

 **メソッド**

次に、12行目のプログラムを見てみましょう。

```
now.getFullYear()
```

「getFullYear」メソッドを使うと、「年」を取得できます。ここではインスタンスの「now」があるため、この処理により、今年を知ることができます。ここで利用した「getFullYear」は、Dateオブジェクトの「メソッド」です。メソッド（Method）は「方法」といった意味がありますが、「関数」と同じものと考えてよいでしょう。オブジェクトの中で宣言されたもののことをメソッドと呼びます。

 「年」を取得する場合、alertの引数にインスタンスを直接指定することはできないよ。だからalert(now + "年")とするのは間違い。メソッドと合わせて指定しよう。

メソッドは次のような書式で記述します。

構文　const（またはlet）変数名 = インスタンス名 . メソッド名（引数）;

関数の書式とほとんど同じですが、メソッド名の前に「インスタンス名」と、つなげるためのドット記号（.）があることが特徴です。Dateオブジェクトには、このほかにも様々なメソッドが定義されています。それぞれを組み合わせて日時を表示してみましょう。

getFullYear()	年を4桁で取得する。
getMonth()	月を取得する（ただし、1月は0で12月は11になる）。
getDate()	日を取得する。
getHours()	時を取得する。
getMinutes()	分を取得する。
getSeconds()	秒を取得する。

```
11      const now = new Date();

12

13      const year = now.getFullYear(); // 年を取得して定数に代入

14      const month = now.getMonth() + 1; // 月を取得して定数に代入

15      const today = now.getDate(); // 日を取得して定数に代入

16      const hours = now.getHours(); // 時を取得して定数に代入

17      const mins = now.getMinutes(); // 分を取得して定数に代入

18      const secs = now.getSeconds(); // 秒を取得して定数に代入

19

20      alert(year + "年" + month + "月" + today + "日" + hours + "時" + mins + "分" +
        secs + "秒"); // 取得したそれぞれの情報を文字列連結して警告ウィンドウに表示
```

Reference

月を +1 する理由

「getMonth」メソッドで得られる値は、実際の月から1少なくなるため、プログラムで+1する必要があります。一説では、英語圏では月を January（Jan）、February（Feb）などの単語で表すことが多いため、配列などで扱いやすいように最初の月（January、1月）を0としているようです。

4-1-2 オブジェクトの種類

オブジェクトには、Dateオブジェクトのほかに、JavaScriptに標準で準備されている「標準組み込みオブジェクト」と、4-5で紹介する「ユーザー定義オブジェクト」、そしてWebブラウザーが提供している「ブラウザー関連オブジェクト」があります。それぞれ紹介します。

🟢 標準組み込みオブジェクト

JavaScriptでプログラムを作成する際に、標準で利用できるオブジェクトです。次の種類があります。

Dateオブジェクト	日時関連のオブジェクト
Stringオブジェクト	文字列関連のオブジェクト
JSONオブジェクト	データ形式の「JSON」という形式を扱うためのオブジェクト
Numberオブジェクト	数字関連のオブジェクト
Arrayオブジェクト	配列関連のオブジェクト
RegExpオブジェクト	「正規表現」という表記法を利用するためのオブジェクト
Mathオブジェクト	特殊な算術演算を行うためのオブジェクト

🟢 ユーザー定義オブジェクト

オブジェクトは、ユーザーが自由に定義して利用することができます。詳しくは4-5で紹介します。

🟢 ブラウザー関連オブジェクト

3-5で紹介した、次のようなプログラムを見てみましょう。

```
console.log("デバッグ情報です");
```

このプログラムを実行すると、Google Chromeのデベロッパーツールの「コンソール」タブに、「デバッグ情報です」と表示されます。

ここで利用しているのが、ブラウザー関連オブジェクトの1つ「console」オブジェクトです。Webブラウザーは、プログラムを通じてWebブラウザーを制御するための仕組み（これを、「API（Application Programming Interface）」といいます）を提供していて、consoleオブジェクトを利用することで、このAPIを操作してWebブラウザーを制御することができます。

4-1-3 宣言しないで使えるインスタンス

　次のプログラムを作成し、実行すると、Webブラウザーの画面にメッセージが表示されます。

```
プログラム：write.html
11    document.write("documentオブジェクトのwriteメソッドで文章を表示しました");
      // 画面に文字を表示します
```

　ここでは、「document」オブジェクトの「write」メソッドを利用してメッセージを表示しました。しかしこのプログラムには、先のDateオブジェクトではあった、次のような記述がありません。

```
const document = new Document(); // documentオブジェクトのインスタンスを作る
```

　実はdocumentオブジェクトやブラウザー関連オブジェクトであるconsoleオブジェクトは、特殊なオブジェクトで、このようなインスタンスの宣言が不要です。Webページが画面に表示されたときに、自動的に「実体化」してインスタンスが生成されます。そのため、直接「document」インスタンスが利用できます。同じく、次のものも自動的に利用できます。

windowオブジェクト	ウィンドウ関連のメソッドなどが利用できます。
documentオブジェクト	表示されている画面に関するメソッドなどが利用できます。
consoleオブジェクト	デベロッパーツールのコンソール画面が利用できます。

windowインスタンスは省略できる

これまでのプログラムでは、警告ウィンドウを表示するために「alert」を利用してきました。

```
alert("JavaScriptを実行しました");
```

しかし実はこれは、ある記述が省略されています。正確には次のように記述します。

```
window.alert("JavaScriptを実行しました");
```

alertは実はwindowオブジェクトのメソッドで、上記のように記述するのが正確です。ただし、windowオブジェクトだけは特別で、windowオブジェクトの各メソッドは、省略して記述することができます。

 実習問題①

警告ウィンドウに、今日の日付を表示しましょう。

- 実習データ：lab1_date.html
- 処理の流れ
  1. 現在の日付を持つ**Date**オブジェクトを生成します。
  2. **Date**オブジェクトのメソッドを呼び出して、現在の日付を**YYYY**年**M**月**J**日の形式で表示します。

📋 解答例

プログラム：lab1_date_a.html

11	//Dateオブジェクトの生成および現在の日付を取得
12	const now = new Date();
13	
14	//yyyy年m月dd日の形式で現在の日付を表示
15	alert(now.getFullYear() + "年" + (now.getMonth() + 1) + "月" + now.getDate() + "日");

解説

11	//Dateオブジェクトの生成および現在の日付を取得
12	新しいDateオブジェクトのインスタンスnowを定義します。
13	
14	//yyyy年m月dd日の形式で現在の日付を表示
15	今日の年、月、日を取得して文字列連結でつなぎ、警告ウィンドウに表示します。

よく起きるエラー •••

文字列連結と足し算を同時に行う場合は、足し算をカッコで囲んで記述しないと文字列連結になってしまいます。下の例では、月の表示が、実際の月から1を引いた値と「1」をつなげた値（5月なら41月）となります。

プログラム：lab1_date_error.html

```
14          //yyyy年m月dd日の形式で現在の日付を表示
15          alert(now.getFullYear() + "年" + now.getMonth() + 1 + "月" + now.getDate() + "日
            ");
```

- **エラーの発生場所**：15行目「+ now.getMonth() + 1 + "月"」
- **エラーの意味**　　：15行目の「+」と「now.getMonth()」の間に「(」を入力する。
　　　　　　　　　　　　15行目の「1」と「+」の間に「)」を入力する。

 実習問題②

実践問題①で作成したプログラムに、図のような曜日の表示を加えましょう。曜日は「getDay」メソッドで取得しますが、0（日曜日）から6（土曜日）の数字で取得されるため、これを配列と組み合わせて日〜土という文字になるようにしましょう。

実行結果例

> このページの内容
>
> 2024年5月6日（月）
>
>

- **実習データ**：lab2_date.html
- **補足**　　　：getDayメソッドは、日曜〜土曜を表す数値を0〜6として取得します。
- **処理の流れ**
  1. 曜日を格納した配列を定義します。
  2. Dateオブジェクトを生成し、年月日と曜日を取得します。
  3. 現在の日付を曜日とともに表示します。

📑 解答例

```
11    // （記述済み）曜日を格納した配列の宣言および値の格納
12    const week = ["日", "月", "火", "水", "木", "金", "土"];
13
14    //Dateオブジェクトの生成および現在の日付を取得
15    const now = new Date();
16
17    //生成したDateオブジェクトから年・月・日・曜日を取得
18    const y = now.getFullYear() + "年";
19    const m = (now.getMonth() + 1) + "月";
20    const d = now.getDate() + "日";
21    const w = " (" + week[now.getDay()] + ") ";
22
23    //現在の日付を表示
24    alert(y + m + d + w);
```

解説

11	// （記述済み）曜日を格納した配列の宣言および値の格納
12	曜日の文字列を配列として準備し、week定数に代入します。
13	
14	//Dateオブジェクトの生成および現在の日付を取得
15	Dateオブジェクトのインスタンスを定義します。
16	
17	//生成したDateオブジェクトから年・月・日・曜日を取得
18	年を4桁で取得し、「年」を付加してy定数に代入します。
19	月を取得し「月」を付加してm定数に代入します。この際、月は0から始まるため1を加えます。
20	日を取得し「日」を付加してd定数に代入します。
21	曜日を数字で取得し、week配列の添え字として指定することで対応した曜日の文字列を取得してw定数に代入します。
22	
23	//現在の日付を表示
24	y, m, d, wのそれぞれの定数を文字列連結して警告ウィンドウに表示します。

　曜日の配列は、添え字の0が「日曜日」になるように設定する必要があります。例えばこれを「月曜日」から始めてしまうと、曜日がずれてしまうので気を付けましょう。

132

 **実習問題③**

　現在の日時と、設定した日時の時間差を表示しましょう。時間差の計算にはgetTimeメソッドを利用します。

- 実習データ：lab3_timecount.html
- 補足　　　：getTimeメソッドは、Dateオブジェクトが表す日時と1970/1/1 00:00:00との時刻差をミリ秒単位で返します。2つのDateオブジェクトのgetTimeメソッドの戻り値を減算することで、Dateオブジェクトの時間差を計算できます。
- 処理の流れ
  1. 現在時刻を表すDateオブジェクトを生成します。
  2. 設定時刻を表すDateオブジェクトを生成します（引数にYYYY/MM/DD HH:mm:SS形式の文字列を指定します）。
  3. なお、設定時刻には現在時刻よりも後の日付を任意で指定します。
  4. getTimeメソッドを使用して、2つのDateオブジェクトの時刻差（ミリ秒数）を取得し、表示します。

📄 解答例

プログラム：lab3_timecount_a.html

```
11        //現在時刻を表すDateオブジェクトを生成
12        const now = new Date();
13        //設定時刻を表すDateオブジェクトを生成
14        // (引数にYYYY/MM/DD HH:mm:SS形式の文字列を指定)
15        const time = new Date("2100/1/1 00:00:00");
16·
17        //getTime()メソッドを使用して2つのDateオブジェクトの時刻差（ミリ秒数）を取得
18        const ms = time.getTime() - now.getTime();
19        const minutes = ms / 60 / 1000;
20
21        //表示
22        alert("設定時刻まで、後：" + minutes + "分");
```

11	//現在時刻を表すDateオブジェクトを生成
12	Dateオブジェクトのインスタンスnowを定義します。
13	//設定時刻を表すDateオブジェクトを生成
14	// （引数にYYYY/MM/DD HH:mm:SS形式の文字列を指定）
15	Dateオブジェクトに任意の日付を指定して、timeオブジェクトを定義します。
16	
17	//getTime()メソッドを使用して2つのDateオブジェクトの時刻差（ミリ秒数）を取得
18	設定時刻のtimeと、現在時刻のnowを減算し、時間差を計算します。
19	時間差を分単位にするため、60 / 1000で割った結果をminutes定数に代入します。
20	
21	//表示
22	求められた結果を警告ウィンドウに表示します。

Stringオブジェクトは文字列関連のオブジェクト、Numberオブジェクトは数字関連のオブジェクトです。

4-2-1 Stringオブジェクト、Numberオブジェクトの定義

StringオブジェクトやNumberオブジェクトのインスタンスを定義する場合、次のようにnewキーワードを利用して定義します。プログラムを実行すると、警告ウィンドウに「文字列1」と表示されます。

プログラム：string.html

```
11    const str1 = new String("文字列1"); // 新しいStringオブジェクトのインスタンスを準
                                            備します
12    alert(str1); // 警告ウィンドウにその内容を表示します
13
14    const number1 = new Number(1); // 新しいNumberオブジェクトのインスタンスを準備し
                                        ます
15    alert(number1); // 警告ウィンドウにその内容を表示します
```

このページの内容

文字列1

しかし実は、次のように代入するだけでもインスタンスを作ることができます。

プログラム：string2.html

```
11    const str2 = "文字列2"; // 文字列を代入するだけでインスタンスが準備される
12    alert(str2); // 警告ウィンドウに内容を表示します
13
14    const number2 = 1; // 数字を代入するだけでインスタンスが準備される
15    alert(number2); // 警告ウィンドウに内容を表示します
```

実は、これまで単に「文字列」と紹介してきたものは、Stringオブジェクトのインスタンスを作成するという手順を省略して記述していたものでした。同じく、数字も代入するだけで「Number」オブジェクトのインスタンスが生成されます。さらに実は、これまで「型変換」として紹介してきた、次の記述もNumberオブジェクトを定義するものでした。

```
const num3 = Number("1"); // 文字列の1を指定してNumberオブジェクトを定義する。このと
                          きに数字に変換される
```

このようにJavaScriptには、様々なオブジェクトの定義方法があります。そして、あらゆる要素が「オブジェクト」として管理されていることが、JavaScriptの特徴です。

4-2-2 Stringオブジェクトのメソッド

Stringオブジェクトには、次のようなメソッドが準備されています。

charAt(index)	引数で指定した添え字の位置の文字を返す。
charCodeAt(index)	引数で指定した添え字の位置のUnicodeの値を返す。
indexOf(searchValue)	引数で指定した文字列が最初に出現する位置を0から始まる添え字で返す。
lastIndexOf(searchValue)	引数で指定した文字列が最後に出現する位置を添え字で返す。
concat(string[, ...]	引数で指定した文字列と連結する。
split([separator])	引数で指定した区切り文字で文字列を分割し、配列で返す。
slice(beginSlice)	引数で0から始まる位置を指定し文字列から一部分を返す。
substring(indexA, indexB)	インデックス番号で指定した範囲の文字列を取得する。 第1引数：文字列を取り出す開始位置のインデックス番号 第2引数：文字列を取り出す終了位置+1のインデックス番号
toLowerCase()	すべて小文字に変換した文字列を返す。
toUpperCase()	すべて大文字に変換した文字列を返す。
match(regexp, または文字列)	引数で指定した正規表現文字列または、文字列（正規表現を用いない）を基にマッチング結果を返す。
replace(regexp, newSubStr)	引数で指定した正規表現文字列を基に置換した文字を返す。

プロパティ

次のプログラムを作成し、実行すると、警告ウィンドウに「4」と表示されます。

プログラム：str_length.html	
11	`const str2 = "文字列2"; //` 文字列2という値を代入したStringオブジェクトを定義します
12	`alert(str2.length); //` lengthプロパティの値を警告ウィンドウに表示します

```
このページの内容

4

                                          OK
```

これは、「文字列2」という文字列の文字数で、ここでは「4文字」であることを表します。12行目の次のプログラムに注目しましょう。

```
str2.length
```

str2というのは、Stringオブジェクトのインスタンスです。しかし、lengthは「メソッド」ではありません。メソッドの場合は、最後に引数を指定する「()」が付加されます。

```
str2.length // ()がないのでメソッドではなくプロパティ
str2.length() // メソッド
```

これは、オブジェクトの「プロパティ」です。「Property」は、「性質」といった意味を持ちますが、これはオブジェクト内の「定数」や「変数」のことです。オブジェクトはこのように、関数だけではなく定数や変数も、関連したものとしてまとめておくことができます。

電話番号を確認するプログラムを作る

それでは、Stringオブジェクトを使ったプログラムとして、設定した電話番号が東京都の市外局番（03）かどうかを確認するプログラムを作成しましょう。まずは、定数に文字列を準備します。

プログラム：tel.html

```
11       const phoneNum = "03-1111-1111"; // 定数phoneNumに、電話番号を代入します
```

次のようにnewを利用しても同じです。

プログラム：tel2.html

```
11       const phoneNum = new String("03-1111-1111");
```

では、この番号の書式チェックをしてみましょう。ここでは、電話番号の桁数が12桁なければ「誤った値である」と判断します。ただし、ハイフンがない場合もあるため、10桁の場合もOKとします。つまりここでは、次のような条件のif文になります。

　phoneNumの文字列の長さが、10桁または12桁の場合は電話番号とする

文字列の長さを知るには、「length」プロパティの値を利用します。12行目以降に、次のようなif構文を作成しましょう。

プログラム：tel3.html

```
11       const phoneNum = "03-1111-1111";
12       if (phoneNum.length === 10 || phoneNum.length === 12) { // phoneNumの長さが10文字
                                                                か12文字の場合
13           alert("電話番号です"); // 警告ウィンドウに「電話番号です」と表示します
14       } else { // それ以外の場合
15           alert("誤った値です"); // 警告ウィンドウに「誤った値です」と表示します
16       }
```

これで、電話番号を判断できるようになりました。プログラムを実行すると、警告ウィンドウには「電話番号です」と表示されます。ただし、「phoneNum」に代入されている値を変更すると「誤った値です」と表示されるようになります。

プログラム：tel4.html

```
11          const phoneNum = "111-1111"; // 誤った値を代入する
```

東京都の市外局番かを確認する

　続けて、電話番号だった場合に東京の市外局番（03）であるかも判断してみましょう。それには、if文を入れ子構造にします。電話番号の先頭が03であるかを確認するには、「substring」メソッドを使って先頭の2文字を抜き出すとよいでしょう。

```
phoneNum.substring(0, 2) // 0文字目から2文字の文字列を抜き出します
```

　では、「tel3.html」の13行目を次のように書き換えましょう。

プログラム：tel5.html

```
11          const phoneNum = "03-1111-1111";
12          if (phoneNum.length === 10 || phoneNum.length === 12) {
13              if (phoneNum.substring(0, 2) === "03") { // 先頭から2文字が03であるかを判断します
14                  alert("東京の電話番号です"); // 03だった場合は東京の電話番号であると表示します
15              } else { // それ以外の場合
16                  alert("市外局番が異なります"); // 市外局番が異なりますと表示します
17              }
18          } else {
19              alert("誤った値です");
20          }
```

　このように、プロパティやメソッドを利用することで、簡単に処理や判断を行うことができます。

Numberオブジェクトのメソッド

Numberオブジェクトには、次のようなメソッドがあります。

toFixed([digits])	引数で指定した、小数点の後の桁数を含む値を返す（省略した場合の規定値は0）。
toString()	数値データを文字列データに変換する。

小数を操作するプログラムを作る

ここでは、toFixedメソッドを使った例として、小数点以下の表示を制御するプログラムを作成しましょう。

プログラム：number.html

```
11        const area = 5 * 5 * 3.14; // 5×5×3.14の計算結果（78.5）をarea定数に代入します
12
13        alert(area); // 計算結果を警告ウィンドウに表示します
14        alert(area.toFixed()); // 同じ結果を小数以下を四捨五入して表示します
15        alert(area.toFixed(2)); // 同じ結果を小数第2位まで表示します
```

このプログラムを実行すると、警告ウィンドウには順番に「78.5」「79」「78.50」と表示されます。それぞれ、計算結果であるもとの値「78.5」をtoFixedメソッドで四捨五入したり、小数第2位までの表示にしたりなどの加工をしながら、警告ウィンドウに表示しています。

実習問題

　ある変数の先頭の文字が何かによって、処理を分岐します。「コースコード」の先頭の文字が「U」だった場合は「お客様コース」、「Y」だった場合は社内限定コースとし、それ以外の場合は「コードを間違えています」というメッセージを表示しましょう。コードは大文字の場合、小文字の場合があるため、大文字に合わせてから検査しましょう。

- 実習データ：lab1_stringcheck.html
- 補足　　　：toUpperCase メソッドは、String オブジェクトで管理する文字列をすべて大文字に変換して返却します。substring メソッドは、第1引数で開始位置（0番目を1文字目とする）、第2引数で終了位置を示す数値を指定すると、インデックス番号で指定した範囲の文字列を取得できます。
- 処理の流れ
  1. 定数にコースコードを格納します（ujs36l または yjs36l）。
  2. 確認しやすいように、toUpperCase メソッドを使用して、大文字に変換します。
  3. substring メソッドを使用して、先頭の文字を取得します。
  4. 先頭の文字がU またはY であるかを確認し、メッセージを表示します。

解答例

プログラム：lab1_stringcheck_a.html

```
11        //コースコードの定数宣言および値の格納
12        const code = "ujs36l";
13
14        //定数の値を大文字に変換
15        const capitalCode = code.toUpperCase();
16
17        //先頭の文字を取得
18        const firstChar = capitalCode.substring(0, 1);
19
20        //if文による条件分岐
21        if (firstChar === "U") {
22            alert("お客様コース");
23        } else if (firstChar === "Y") {
24            alert("社内限定コース");
25        } else {
26            alert("コードを間違えています");
27        }
```

11	//コースコードの定数宣言および値の格納
12	定数codeに、「ujs36l」という文字列（コースコード）を代入します。
13	//定数の値を大文字に変換
14	
15	codeをすべて大文字に変換し、定数capitalCodeに代入します。
16	
17	//先頭の文字を取得
18	capitalCodeの先頭から1文字をsubstringメソッドで取り出して、firstCharに代入します。
19	
20	//if文による条件分岐
21	先頭の文字（firstChar）が「U」だった場合。
22	警告ウィンドウに「お客様コース」と表示します。
23	そうでなくて、先頭の文字（firstChar）が「Y」だった場合。
24	警告ウィンドウに「社内限定コース」と表示します。
25	先頭の文字（firstChar）がどちらでもない場合。
26	「コードを間違えています」と警告ウィンドウに表示します。
27	if文の終了。

先頭の1文字を取り出す場合は、「charAt」メソッドを利用することもできます。

プログラム：lab1_stringcheck_a2.html

17	//先頭の文字を取得
18	const firstChar = capitalCode.charAt(0);

4-3 JSONオブジェクト

JSON（JavaScript Object Notation）とはデータ形式の1つで、その名の通りJavaScriptのために作られました。現在では、その使い勝手のよさからJavaScript以外のプログラミング言語でも広く利用されています。

4-3-1 データ形式とは

プログラミング言語では、情報を保存しておいたり、ほかのプログラムなどと交換をしたりなど「データ」を扱う機会が非常に多くあります。そのとき、各プログラムが独自の扱い方でデータを扱ってしまうと、交換の際に非常に大変になります。そこで、どんなものでも使いやすい汎用的なデータ形式がよく利用されます。いくつか紹介しましょう。

● CSV形式

Comma Separated Valuesの頭文字を取ったデータ形式で、「カンマ (,)」を使ってデータを区切った形式です。次のようなデータ形式になります。

```
JavaScript入門, 30000
```

Microsoft Excelなどの表計算ソフトなどでも手軽に扱えるため、非常に広く活用されています。ただし、次のようなデメリットがあります。

- **各データの意味が定義されていないため、別途管理する必要がある**

例えば上記の例では「30000」という数字が何を意味しているのか、データを見ただけではわかりません。そこで、「1行目はデータの定義とする」などと決めて、定義する必要があります。

```
講座名, 価格
JavaScript入門, 30000
```

- **データの順番が重要な意味を持ってしまうため、順番が入れ替えられない**

例えば、次のようにデータの順番を変えてしまうと正しくデータが表せなくなります。

```
講座名, 価格
30000, JavaScript入門
```

- **カンマ記号や改行記号が重要な意味を持ってしまうため、これらの記号の扱いが面倒になる**

　カンマや改行は、データの区切りを表す記号として使われているため、これらの記号を使うときは「クォーテーション記号で囲む」など、別途ルールが必要になります。

```
講座名, 価格
"JavaScript
入門", "30,000"
```

　このように、若干データの扱いが面倒なので、これらのデメリットを解消した「XML」や「JSON」などのデータ形式が使われるようになりました。

XML形式

　Extensible Markup Languageの略称で、HTMLタグのような「タグ」という記号を利用してデータを表したものです。次のようなデータ形式になります。

```
<lectures>
    <lecture>
        <name>JavaScript入門</name>
        <price>30000</price>
    </lecture>
</lectures>
```

　XMLの場合、CSVのデメリットは解消されています。データの意味もタグ名で理解できますし、順番を変えても問題ありません。「<」などの記号は、ほかの記号で置き換えることで（エスケープ処理といいます）利用できます。ただし、XMLには次のようなデメリットがあります。

- **データの容量が増えてしまう**

　XMLでデータを表すには、開始タグと終了タグが必要となるため、必要なデータ量が増えてしまいます。

- **タグの書き方ルールが厳格**

　XMLは、タグの書き方に非常に厳格なルールがあり、正しく書かないとデータを解析することができなくなってしまいます。

　現在でも、XMLはデータの交換などで広く利用されていますが、もう少し手軽なデータ形式として利用されているのが、JSON形式です。

 JSON 形式

次のような形式のデータのことを指します。

```
[
  {
    name: "JavaScript入門",
    price: 30000
  }
]
```

　CSVよりも必要な記号は増えますが、XMLに比べると圧倒的に少ないデータ量で表すことができます。さらに、データの内容も理解しやすくなっています。順番も問わず、あらかじめクォーテーション記号で囲まれているため、データの中にカンマなどがあっても影響することがありません。
　JSON形式は次のような書式で作られます。

構文	

	```[```
	 ``` {```
	 ``` キー：値,```
	 ``` キー：値,```
	 ``` …```
	 ``` },```
	 ``` {```
	 ``` キー：値,```
	 ``` …```
	 ``` }```
	 ``` …```
	 ```]```

　こうして、JSONはデータ形式として、現在では非常に広く利用されるようになりました。

 CSVやXMLも現在でも広く利用されているので、目的などに応じて使い分けるよ。

4-3-2 JSONを扱うプログラムを作成する

それでは、JSON形式のデータを利用してプログラムを作成してみましょう。まずは、JSON形式のデータを定数に代入します。

プログラム：json.html

```
11       const jsonValue =
12           [
13               {
14                   name: "JavaScript入門",
15                   price: 30000
16               }
17           ]; // JSON形式のデータを代入する
```

これで、jsonValueは「JSONオブジェクト」というオブジェクトのインスタンスになります。そして、nameやpriceはプロパティとして取得できるようになります。18、19行目にプログラムを追加して各値を取り出してみましょう。

プログラム：json2.html

```
11       const jsonValue =
12           [
13               {
14                   name: "JavaScript入門",
15                   price: 30000
16               }
17           ];
18       alert(jsonValue[0].name); // nameを取り出して警告ウィンドウに表示する
19       alert(jsonValue[0].price + "円"); // priceを取り出して警告ウィンドウに表示する
```

こうすると、警告ウィンドウにJSONの各データを表示することができます。

次に紹介するCSVを扱うプログラムに比べると、非常にシンプルでわかりやすいプログラムになっています。JavaScriptでデータを扱うときには、JSON形式を利用するとよいでしょう。

Reference

CSVデータを処理しよう

ここでは、参考としてCSVデータを処理するプログラムも作成してみましょう。まずは、CSVデータを準備します。

プログラム：csv.html

```
11          const csvData = "JavaScript入門, 30000"; // CSV形式のデータを定数csvDataに代
                                                          入します
```

現状では、Stringオブジェクトになっているため、これを「split」メソッドを使って配列（Arrayオブジェクト）に変換します。このとき、区切り文字の「,」を使って分割します。

プログラム：csv2.html

```
11          const csvData = "JavaScript入門, 30000";
12          const array = csvData.split(","); // ,を軸にデータを配列に分解します
```

これで、配列に順番に各値が代入されるので、while文などでこれを取り出しながら警告ウィンドウに表示してみましょう。

プログラム：csv3.html

```
11          const csvData = "JavaScript入門, 30000";
12          const array = csvData.split(",");
13
14          let i = 0; // 変数iを0で初期化します
15          while (i < array.length) { // iが配列の要素の数未満の間繰り返します
16              alert(array[i]); // 配列のi番目の要素を警告ウィンドウに表示します
17              i++; // iをインクリメントで1加えます
18          }
```

これで、各値を取り出すことができます。一見するとそれほど難しくないように見えますが、実際にはデータの中に「,」があった場合や複数行あった場合の処理などが非常に面倒で、実用的なプログラムを作るのはなかなか大変です。

文字列とJSONを変換する

JSON形式のデータを交換する場合、実際にはJSONデータをそのまま交換するのではなく、JSON形式の文字列にして交換されることが多いです。そこで、これを相互に変換しましょう。

● 文字列をJSONデータに変換する

まずは、文字列をJSON形式に変換します。JSONオブジェクトの「parse」メソッドを使うと、変換できます。

プログラム：jsonstringify.html

```
11    const jsonValue = '{"name": "JavaScript入門", "price": 30000}';
      // 文字列としてJSON形式のデータを準備してjsonValue定数に代入します
12    const obj = JSON.parse(jsonValue);
      // JSON.parseメソッドで文字列をJSON形式に変換します
13    alert(obj.name); // nameプロパティを警告ウィンドウに表示します
```

こうすると、文字列として渡されたJSON形式のデータをJSONオブジェクトとして扱えるようになります。

● JSONデータを文字列に変換する

今度は逆に、JSONオブジェクトのデータを文字列に変換しましょう。JSONオブジェクトの「stringify」メソッドを使うと変換できます。15、16行目に次のように追加しましょう。

プログラム：jsonstringify2.html

```
15    const jsonText = JSON.stringify(obj);
      // JSON.stringilyメソッドでJSONオブジェクトを文字列に変換します
16    alert(jsonText); // 変換した文字列を警告ウィンドウに表示します
```

このプログラムを実行すると、警告ウィンドウには図のような文字列が表示されます。これで、JSON形式のデータをほかのプログラムなどに渡したり、ファイルに保存したりしておくことができます。

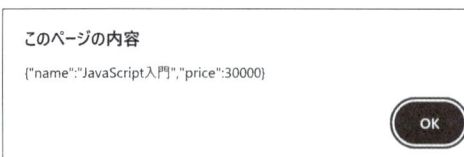

```
このページの内容

{"name":"JavaScript入門","price":30000}

                                    OK
```

静的メソッド

先のプログラムでは、次のようにメソッドを呼び出していました。

```
JSON.parse
JSON.stringify
```

このメソッドの呼び出し方は不思議な感じがします。「JSON」というインスタンスは準備されていません。とはいえ、「window」や「document」などのインスタンスと異なり、これは自動で作成されるインスタンスでもありません。

この「JSON」とは、「オブジェクトの種類の名前」を直接指定する指定の方法で、インスタンスを定義することなく、直接オブジェクト内のメソッドを呼び出すことができます。このようなメソッドを「静的メソッド」と呼び、オブジェクトの中でも一部のメソッドがこのような作り方をされています。

すべてのメソッドでこのような呼び出し方ができるわけではないため、注意しましょう。

> 静的メソッドは、インスタンスを作成せずに直接呼び出すことができるんだね。

 実習問題①

次のようなCSVデータを準備します。

```
10    const csvData = "UJS36L,JavaScriptプログラミング基礎,UJS72L, JavaScript基礎ステッ
      プアップAPI編";
```

これを配列に変換したうえで、図のような警告ウィンドウを表示するプログラムを作成しましょう。

実行結果例

このページの内容
コースコード：UJS36L コース名：JavaScriptプログラミング基礎

→

このページの内容
コースコード：UJS72L コース名： JavaScript基礎ステップアップAPI編

● **実習データ：lab1_convertCSV.html**

- 補足　　：splitメソッドは引数で指定した区切り文字で文字列を分割し、配列で返します。表示ループはwhile文で実装します。
- 処理の流れ
  1. Stringオブジェクトのsplitメソッドを使用して、CSV形式のデータを配列に変換します。
  2. 配列に格納されたデータをすべて表示するために繰り替え処理を記述します。
  3. 繰り返し処理の中で、配列に格納されたコース名とコースコードを表示します。

📔 解答例

プログラム：lab1_convertCSV_a.html

```
11    // （記述済み）CSV形式のデータを変数に格納
12    const csvData = "UJS36L,JavaScriptプログラミング基礎,UJS72L, JavaScript基礎ステップアップAPI編";
13
14    //配列に変換
15    const array = csvData.split(",");
16
17    //繰り返し処理
18    //配列の要素を表示
19    let i = 0;
20    while (i < array.length) {
21        alert("コースコード：" + array[i] + " コース名：" + array[i + 1]);
22        i += 2;
23    }
```

解説

行	説明
11	// （記述済み）CSV形式のデータを変数に格納
12	CSVデータを準備しcsvData定数に代入します。
13	
14	//配列に変換
15	csvDataをカンマ記号（,）を基準にsplitメソッドで区切って、配列arrayに代入します。
16	
17	//繰り返し処理
18	//配列の要素を表示
19	カウント用の変数iを0で初期化します。
20	iが配列の要素の数未満の間繰り返します。
21	配列の要素を2つ取り出して、警告ウィンドウに表示します。
22	iに2を加えて代入します。
23	繰り返しの終了。

ここでは、配列の要素を1回の処理で2個取り出しているため、カウント用の変数に2ずつ加える必要があります。1ずつ加えるインクリメントではないので注意しましょう。

 実習問題②

次のようなJSON形式の文字列データを準備します。

```
10          const taroData = { "name": "富士通 太郎", "age": 16 };
```

これを文字列データに変換して、図のような警告ウィンドウに表示しましょう。

実行結果例①

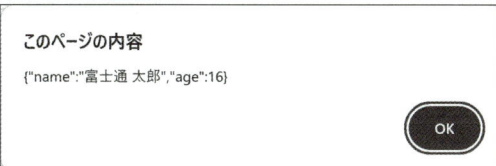

その後、再度JSONデータに変換して、各データを警告ウィンドウに表示しましょう。

実行結果例②

- **実習データ**：lab2_json.html
- **補足**　　：ユーザー定義オブジェクトの生成はリテラル表記で行います。stringify メソッドは、引数で指定した値をオブジェクトからJSON形式に変換します。parse メソッドは、引数で指定した値をJSON形式からオブジェクトに変換します。
- **処理の流れ**
  1. JSON.stringify() を用いてJSON形式の文字列に変換し、表示します。
  2. JSON.parse() を用いて、オブジェクトに変換し、プロパティを指定して、表示します。
  3. JSON形式の文字列をオブジェクトに変換します。
  4. オブジェクトのプロパティを表示します。

📋 解答例

プログラム：lab2_json_a.html

```
11        //ユーザー定義オブジェクトの生成
12        const taroData = { "name": "富士通 太郎", "age": 16 };
13
14        //ユーザー定義オブジェクトをJSON形式の文字列に変換
15        const jsonValue = JSON.stringify(taroData);
16        //JSON形式の文字列を表示
17        alert(jsonValue);
18
19        //JSON形式からオブジェクトに変換
20        const studentObject = JSON.parse(jsonValue);
21        //オブジェクトのプロパティを指定して値を表示
22        alert("名前：" + studentObject.name);
23        alert("年齢：" + studentObject.age);
```

解説

行	内容
11	//ユーザー定義オブジェクトの生成
12	JSONデータを準備し、taroDataオブジェクトに代入します。
13	
14	//ユーザー定義オブジェクトをJSON形式の文字列に変換
15	JSON.stringifyメソッドでJSONデータを文字列化し、jsonValue定数に代入します。
16	//JSON形式の文字列を表示
17	jsonValue定数を警告ウィンドウに表示します。
18	
19	//JSON形式からオブジェクトに変換
20	JSON.parseメソッドを利用して文字列をJSONデータに変換し、studentObjectに代入します。
21	//オブジェクトのプロパティを指定して値を表示
22	警告ウィンドウにnameプロパティの値を表示します。
23	警告ウィンドウにageプロパティの値を表示します。

4-4 そのほかの標準組み込みオブジェクト

JavaScriptには、ここまで紹介したもの以外にも、たくさんの標準組み込みオブジェクトが準備されています。それぞれ紹介します。

 **4-4-1 Arrayオブジェクト**

「Array」は、配列を管理するオブジェクトです。

```
const array = new Array(100, 200, 300); // new Array()を使って宣言
```

これで、様々なメソッドやプロパティが利用できるようになります。しかし、実はArrayオブジェクトは、[]（ブラケット）を使ってもっと簡単な方法で宣言できます。

```
const array = [100, 200, 300]; // Arrayオブジェクトのインスタンスを定義する
```

🟢 Arrayオブジェクトの主なプロパティ・メソッド

Arrayオブジェクトには、次のようなプロパティやメソッドがあります。

length（プロパティ）	配列の要素数を返す。
pop()	最後の要素を削除する。
push(element1, element2, ...)	最後の要素の後に、要素を追加する。
forEach(callback)	配列の要素数だけ繰り返し処理する。

🟢 配列をメソッドで操作する

それでは、これらのメソッドを利用したプログラムを作成してみましょう。

```
11    const array = [100, 200, 300]; // 100, 200, 300という要素を持つ配列を定義します
12    alert(array.length); // 配列の要素の数をlengthプロパティで警告ウィンドウに表示し
      ます
13
14    array.pop(); // 配列から最後の要素を削除します
15    alert(array.length); // 再度要素の数を表示します
16
17    console.table(array); // Google Chromeのデベロッパーツールのコンソールタブに配列
      の状態を表示します
```

このプログラムを実行すると、「3」（要素数が3個）という警告ウィンドウが表示されますが、《OK》を
クリックすると、次は「2」という警告ウィンドウが現れます。popメソッドを利用して最後の要素を削
除することで、3個から2個に減ったことがわかります。デベロッパーツールのコンソールタブを確認す
ると、配列から「300」という要素が削除されています。

（インデックス）	値
0	100
1	200
▶ Array(2)	

arrayobj.html:15

🟢 forEachメソッドを利用する

配列の要素を操作する繰り返し構文にはこれまで、for文とfor of文を紹介しました（while文でも処
理できます）。しかし、Arrayオブジェクトには、専用の繰り返し用の構文であるforEachメソッドが
あります。次のようなプログラムを作成しましょう。

```
11    const num = [1, 2, 3, 4, 5, 6, 7, 8, 9, 10]; // 1から10までの数字を配列に定義しま
      す
12
13    const checkEvenNumber = (value) => { // checkEvenNumber関数を定義します
14        if (value % 2 === 0) { // 引数を2で割ったあまりが0と等しい場合（=偶数の場合）
15            alert(value + "は偶数です"); // 「〇は偶数です」と警告ウィンドウに表示し
              ます
16        }
17    }
18    num.forEach(checkEvenNumber); // 配列numのforEachメソッドで、checkEvenNumberを
      コールバックで呼び出します
```

このプログラムを実行すると、警告ウィンドウに「2は偶数です」と表示され、《OK》をクリックするごとに4、6、8、10と偶数のもののみが表示されます。

ここでは、forEachメソッドを使って配列の要素を1つずつ取り出しました。forEachメソッドの引数は特殊で、関数自体を引数として指定すると、指定された関数を繰り返し呼び出します（このような関数を「コールバック関数」といいます）。そのとき、取り出した配列の要素は関数の引数として渡されるため、次のように関数の定義では引数を1つ受け取るようにします。

```
13          const checkEvenNumber = (value) => {
```

後は、関数の中で偶数かどうかを判断して警告ウィンドウを表示します。偶数かどうかは、次のように2で割った余りが0と等しいかを比べることで確認できます。

```
14              if (value % 2 === 0) {
```

● コールバック関数に、無名関数を指定する

実は、前のプログラムでは、関数名を付けて関数宣言する必要はありません。関数式やアロー関数の場合は、無名関数としてそのまま引数に指定することができます。13行目以降を次のように変更しましょう。無名関数はこのように、引数の1つとして使うときによく利用されます。

プログラム：foreach2.html
```
11      const num = [1, 2, 3, 4, 5, 6, 7, 8, 9, 10];

13      num.forEach((value) => { // forEachメソッドの引数として無名関数を直接指定
14          if (value % 2 === 0) {
15              alert(value + "は偶数です");
16          }
17      });
```

関数宣言 (function checkEvenNumber(value) {...}) は、無名関数としては使えないので気を付けよう。

4-4-2 RegExpオブジェクト

RegExpオブジェクトは「**正規表現** (Regular Expression)」というものを扱う、かなり特殊なオブジェクトです。正規表現は、JavaScriptに限らず、プログラミング言語や高度な検索システムなどに組み込まれている表記法の1つで、様々な記号を組み合わせて検索パターンを表現することができるという記法です。例えば、次の文字列を見てみましょう。

```
^[0-9]{3}-[0-9]{4}$
```

これは、「郵便番号」を表す正規表現です。日本の郵便番号は、現在「3桁の数字」と「4桁の数字」をハイフン記号で区切って表記されています。

```
123-4567
987-6543
```

このパターンを正規表現で表したのが、先の文字列です。それぞれ見ていきましょう。

正規表現の表記ルール

まずは次の部分を見ていきましょう。

```
[0-9]
```

これは、「0から9のいずれかの数字」という表記ルールです。ブラケット記号 ([ ]) は範囲を示し、「0-9」とすることで「0から9のいずれかの数字」を表すことができます。

次に、これの繰り返し回数を指定します。

```
[0-9]{3}
```

中括弧「{ }」は「表れる回数」を示していて、ここでは「3」と指定しているため、直前のパターンが3回繰り返されることを表します。つまりここでは、「0から9のいずれかの数字が3回続く」ということ

を表します。

　次のハイフンは、正規表現としての意味はなく、ここでは「3桁の数字の後、ハイフンが続く」ということを表しています。

```
[0-9]{3}-
```

　続いて、先と同様に0から9の数字が、今度は4回繰り返されるという正規表現が続きます。

```
[0-9]{3}-[0-9]{4}
```

　このように、郵便番号の表記ルールである「3桁の数字と4桁の数字をハイフン記号で区切る」というルールができあがりました。そして、このルールの両端に「^」と、「$」という記号がありますが、これはそれぞれ「文字列の先頭」と「文字列の末尾」を表します。これがないと、例えば次のような文字列も正しいとされてしまいます。

　123456-7890123

　「^」と「$」によって、「間にハイフンがあり、前後が数字である」場合もヒットしてしまうのを防ぐことができます。以下に、各ルールをまとめておきます。

数字	[0-9]または\d	[0-9]（0から9の数字のいずれか）
先頭と一致	^	^[0-9]（先頭が0から9のいずれか）
末尾と一致	$	[0-9]$（末尾が0-9のいずれか）
アルファベット	[a-z]	[a-z]（aからzのアルファベットのいずれか）
繰り返し	{n}（※nは繰り返し回数）	[0-9]{4}（1234など数字4つ）
または			[0-9]{7} | [0-9]{3}-[0-9]{4}（1234567または123-4567）

● RegExpオブジェクトの主なメソッド

RegExpオブジェクトには、次のようなメソッドがあります。

test("str")	引数で指定した文字列がRegExpオブジェクト生成時に指定した正規表現にマッチするかをtrue/falseで返す。
exec(str)	引数で指定した文字列を比較し、RegExpオブジェクト生成時に指定した正規表現にマッチした文字列を返す。

● 郵便番号を検査するプログラム

それでは、正規表現文字列を使って、郵便番号として正しい書式かをチェックするプログラムを作成してみましょう。

プログラム：regexp.html

```
11        const postalCode = "111-1111"; // 検査したい文字列をpostalCode定数に代入します
12        const reg = new RegExp("^[0-9]{3}-[0-9]{4}$");
          // RegExpオブジェクトのインスタンスを定義します。その際、検査する正規表現を設定します
13
14        if (reg.test(postalCode)) { // testメソッドで検査をして、その結果をif文で分岐します
15            alert("正しい郵便番号です"); // 正規表現とマッチしたらこちらを表示します
16        } else {
17            alert("郵便番号の形式が間違っています"); // 正規表現とマッチしなかったらこちらを表示します
18        }
```

このプログラムを実行すると、最初に設定した郵便番号が、書式として正しいかを検査して**警告ウィンドウ**に表示されます。色々な郵便番号で検査を試してみましょう。

比較演算子の省略

「regexp.html」のif構文の条件部分を見てみましょう。

```
14              if (reg.test(postalCode)) {
```

この条件には比較演算子がなく、「どの値とも比べていない」という条件になっています。RegExpオブジェクトのtestメソッドは、戻り値が「ブール値」でtrueまたはfalseが返ってきます。そのため、実はこの条件には次の記述が省略されています。

```
                if (reg.test(postalCode)=== true) {
```

ブール値の「true」と等しいかどうかを判断する場合、これを省略することができます。また逆に、falseと比較するという次の条件も省略できます。

```
                if (reg.test(postalCode)=== false) {
```

この場合、「否定」の論理演算子 (!) を利用して次のようにも記述できます。

```
                if (!reg.test(postalCode)) {
```

4-4-3 Mathオブジェクト

MathオブジェクトはMath＝数学という意味の通り、数学に関するメソッドやプロパティがまとまったオブジェクトです。円周率や小数の計算、sin・cosの計算など、高度な演算処理に必要なメソッドが準備されています。なお、Mathオブジェクトのメソッドは、すべてが「静的メソッド」として定義されているため、newでインスタンスを定義せずに直接呼び出すことができます。

Mathオブジェクトの主なプロパティとメソッド

PI（プロパティ）	円周率を表すプロパティ。小数第何位までを返すかは環境によって異なるが、Google Chromeの場合は「3.141592653589793」になる。
ceil(number)	引数の小数点以下を切り上げた整数値を返す。
floor(number)	引数の小数点以下を切り捨てた整数値を返す。
round(number)	引数の小数点以下を四捨五入した整数値を返す。

小数点以下を切り捨てるプログラム

ここでは、Mathオブジェクトを利用して小数点以下を切り捨てるプログラムを作成してみましょう。まずは、次のように円の面積を求めます。このとき、円周率にはMath.PIプロパティを使いましょう。

プログラム：math.html

```
11    const area = 5 * 5 * Math.PI; // 5×5×πの計算結果を定数areaに代入します
12    alert(area); // areaの内容を警告ウィンドウに表示します
```

このプログラムを実行すると、警告ウィンドウには「78.53981633974483」という計算結果が表示されます。

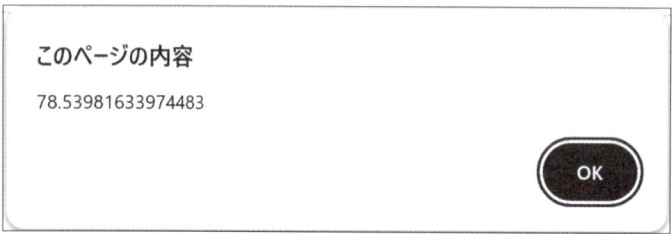

ではこの結果を、小数を切り捨てた整数で表示してみましょう。これにはMath.floorメソッドを利用します。13行目に次のように書き加えましょう。

プログラム：math2.html

```
11    const area = 5 * 5 * Math.PI;
12    alert(area);
13    alert(Math.floor(area)); // Math.floorメソッドで小数を切り捨てて表示する
```

これで、小数の結果に続けて小数を切り捨てた結果である「78」が警告ウィンドウに表示されるようになります。

✏️ 実習問題①

正規表現を用いて、電話番号の形式が正しいかを確認します。ただし、実際の電話番号のパターンは複雑なので、ここでは次のいずれかを「電話番号」として正しいものとします。

- **09012345678のように、090から始まる11桁の数字**
- **090-1234-5678のように、3桁、4桁、4桁をハイフンで区切った13桁のもの**

正しい形式の電話番号

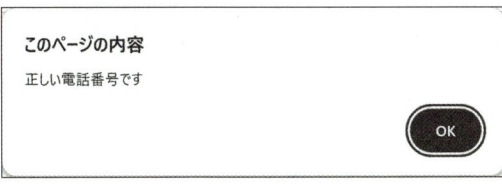

このページの内容

正しい電話番号です

OK

間違った形式の電話番号

このページの内容

電話番号の形式が間違っています

OK

- 実習データ：lab1_checkphonenum.html
- 補足　　　：testメソッドは、引数で指定した文字列がRegExpオブジェクト生成時に指定した正規表現にマッチするかをtrue / falseで返します。
- 処理の流れ
  1. 定数に携帯電話番号（090-0000-0000）を格納します。
  2. RegExpオブジェクトを生成します。生成時の引数として、090で始まる11桁の数値、または090で始まるハイフン(-)込みの13桁の値を表す正規表現を設定します。
  3. RegExpオブジェクトのメソッドを呼び出して、定数に格納された値を確認します。
  4. 条件分岐を使用して、形式が正しかった場合と間違っていた場合で表示を変更します。

📋 解答例

プログラム：lab1_checkphonenum_a.html

11	//電話番号の定数宣言および値の格納
12	const phoneNum = "090-0000-0000";
13	
14	//RegExpオブジェクトの生成
15	const reg = new RegExp("^090[0-9]{8}$\|^090-[0-9]{4}-[0-9]{4}$");
16	
17	//電話番号の形式を確認
18	if (reg.test(phoneNum)) {
19	alert("正しい電話番号です");
20	} else {
21	alert("電話番号の形式が間違っています");
22	}

解説

11	//電話番号の定数宣言および値の格納
12	検査する電話番号をphoneNum定数に代入します。
13	
14	//RegExpオブジェクトの生成
15	RegExpオブジェクトに、検査する正規表現を設定してregインスタンスを定義します。

4

オブジェクトの作成と使用

16	
17	//電話番号の形式を確認
18	RegExpオブジェクトのtestメソッドで正規表現とphoneNum（電話番号）がマッチするかを検査します。
19	検査に合格した場合は「正しい電話番号です」と警告ウィンドウに表示します。
20	そうでなければ。
21	「電話番号の形式が間違っています」と警告ウィンドウに表示します。
22	if文の終了。

正規表現の内容は次のようになっています。

```
^090[0-9]{8}$|^090-[0-9]{4}-[0-9]{4}$
```

これは、真ん中の「|」で2つの正規表現を「または」で区切っています。

1つ目の正規表現は、「090」から始まり、続けて0から9の整数が8桁続いて終わる文字列を検査します。例えば「09012345678」などにマッチします。

```
^090[0-9]{8}$
```

2つ目の正規表現は、同じく「090」から始まった後、ハイフン記号が続きます。その後、整数が4桁続き、ハイフンを挟んでさらに4桁続いて終わるという正規表現です。例えば「090-1234-5678」などにマッチします。このいずれかの正規表現にマッチすれば、検査に合格することになります。

```
^090-[0-9]{4}-[0-9]{4}$
```

 実習問題②

次のようなJSONデータを準備します。

12	const items = [
13	{ name: "itemA", price: 271 },
14	{ name: "itemB", price: 1538 },
15	{ name: "itemC", price: 2112 }
16	];

このすべての商品の合計金額を求め、10％の消費税を足して税込金額にします。その後、その金額を四捨五入して整数にした値を求めましょう。

このページの内容

税込合計：4313円

OK

- 実習データ：**lab2_calcTax.html**
- 補足　　　：**round メソッドは引数を四捨五入した値を返します。**
- 処理の流れ
  1. 価格を格納した変数に1.1をかけて消費税込みの価格を計算します。
  2. Mathオブジェクトのメソッドを使用して、消費税込みの価格を四捨五入して表示します。

📋 解答例

プログラム：lab2_calcTax_a.html

```
11      // （記述済み）商品オブジェクト配列の宣言および値の格納
12      const items = [
13          { name: "itemA", price: 271 },
14          { name: "itemB", price: 1538 },
15          { name: "itemC", price: 2112 }
16      ];
17
18      //小計の変数宣言および値の格納
19      let subTotal = 0;
20
21      //商品オブジェクト配列から商品の価格を取り出し加算
22      items.forEach((item) => {
23          subTotal += item.price;
24      });
25
26      //消費税込みの小計を計算
27      const taxIn = subTotal * 1.1;
28      //税込小計を四捨五入
29      const taxInTotal = Math.round(taxIn);
30
```

```
31        //税込合計を表示
32        alert("税込合計:" + taxInTotal + "円");
```

解説

11	//（記述済み）商品オブジェクト配列の宣言および値の格納
12	JSONデータの配列itemsを定義します。
13	1件目の定義。
14	2件目の定義。
15	3件目の定義。
16	定義の終了。
17	
18	//小計の変数宣言および値の格納
19	合計を計算する変数subTotalを0で初期化します。
20	
21	//商品オブジェクト配列から商品の価格を取り出し加算
22	itemsの要素の件数文繰り返します。
23	JSONデータの「price」の内容をsubTotal定数に加えます。
24	繰り返しの終了。
25	
26	//消費税込みの小計を計算
27	subTotalに消費税率1.1をかけて税込金額を求め、taxIn定数に代入します。
28	//税込小計を四捨五入
29	taxInをMath.round()メソッドで四捨五入して整数にしたものを、taxInTotal定数に代入します。
30	
31	//税込合計を表示
32	taxInTotalを警告ウィンドウに表示します。

四捨五入ではなく、切り捨てをする場合はMath.floorメソッドを利用します。

プログラム：lab2_calcTax_a2.html

```
28        //税込小計を切り捨て
29        const taxInTotal = Math.floor(taxIn);
```

4-5 ユーザー定義オブジェクト

ここまでで紹介した「オブジェクト」は、自分で新しく定義することもできます。よく使う処理をまとめたり、プログラムの中で利用するデータを関連付けたりしてオブジェクトにするなど、活用範囲はかなり広いです。ここでは定義方法を紹介します。

4-5-1 クラス宣言

新しいオブジェクトを作成したい場合は、「クラス」と呼ばれるものを定義します。例えるなら、クラスはオブジェクトの「設計図」に当たるものです。オブジェクトはその設計図を基に、実際の形になる「インスタンス」を生成することで、そのオブジェクトを利用できるようになるといったイメージを持つとよいでしょう。

クラス宣言の書式

それでは、実際にクラスを宣言してみましょう。ここでは、「車」のデータを管理するための「Car」というクラスを定義します。クラスは、次のような書式で定義されます。

構文	
| | ```
class クラス名 {
    constructor( 引数 ) {
        コンストラクタの処理
    }

    メソッド名 ( 引数 ) {
        メソッドの処理
    }
    ...
}
``` |

クラス名は通常、先頭を大文字にして定数・変数と見分けを付けるのが一般的です。

```
class Car {
}
```
```

コンストラクタ

クラスの宣言には「コンストラクタ」という処理を含めるのが一般的です。Constructorとは「建設者」といった意味がありますが、ここでは「クラスの初期化の処理」と考えるとわかりやすいでしょう。

コンストラクタは、クラスの定義に次のように書き加えます。

```
class Car {
    constructor(引数) {
        コンストラクタの処理
    }
}
```

Carクラスを定義する

実際の例で確認してみましょう。ここでは、車を管理する「Car」クラスを定義します。

プログラム：class.html

```
11        class Car { // Carクラスを定義
12            constructor(pSpeed) { // コンストラクタを定義します
13                this.speed = pSpeed; // speedプロパティを定義し、引数の値を代入します
14            }
15        }
```

コンストラクタでは「speed」という車の速度を管理するプロパティを準備しています。プロパティをクラス宣言の中で操作する場合は、「自分自身のプロパティ」ということを明確にするために「this.」という記述を付加します。

メソッドを宣言する

続けて、メソッドも宣言してみましょう。

プログラム：class2.html

```
11        class Car {
12            constructor(pSpeed) {
13                this.speed = pSpeed;
14            }
15
16            accelerate(pSpeed) { // accelerateメソッドを定義し、引数を受け取ります
```

17	`        this.speed += pSpeed; // speedプロパティに引数を加算し、代入します`
18	`    }`
19	`    decelerate(pSpeed) { // decelerateメソッドを定義し、引数を受け取ります`
20	`        this.speed -= pSpeed; // speedプロパティから引数を減算し、代入します`
21	`    }`
22	`}`

　16〜21行目がメソッド定義です。ここでは、「accelerate」メソッドと「decelerate」メソッドを準備しました。いずれも「pSpeed」を引数で受け取って、プロパティの値を加算したり、減算したりするだけのメソッドとなっています。

　これで、Carクラスの準備ができました。続けて、このクラスを使うプログラムを23行目以降に追加しましょう。

プログラム：class3.html

23	`const c = new Car(20); // Carオブジェクトのインスタンスを定義します`
24	`c.accelerate(30); // accelerateメソッドを呼び出してスピードを加速します`
25	`alert("現在のスピード：" + c.speed + "km/h"); // 現在のスピードを警告ウィンドウに表示します`

　このプログラムを実行すると、警告ウィンドウに「現在のスピード：50km/h」と表示されます。

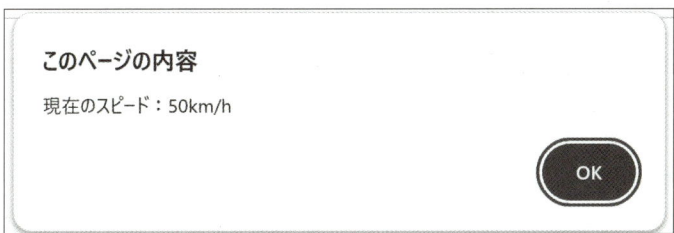

コンストラクタに値を渡す

　コンストラクタには、引数を定義しているため、「Car」オブジェクトからインスタンスを作るときに引数を指定できます。

23	`const c = new Car(20);`

　これにより、speedプロパティに20が設定され、新しいCarオブジェクトのインスタンスが定義されるというわけです。

4-5-2 オブジェクトリテラル

4-5-1で紹介したクラス宣言によるオブジェクトの定義は、ES2022以降で実装された新しい実装方法です。それ以前のJavaScriptでは「**オブジェクトリテラル**」という手法で、オブジェクトを定義していました。これからのプログラミング開発では、積極的に利用する必要はありませんが、ここでその方法を紹介します。ややこしくなりそうでしたら、いったん読み飛ばしてもよいでしょう。

オブジェクトリテラルを定義する

先ほどと同様に、車を管理するCarオブジェクトをオブジェクトリテラルで定義します。

プログラム：obj1.html

```
11    const c = { // c変数をオブジェクトとして宣言します
12        speed: 20, // プロパティとしてspeedを準備して20を代入します
13        accelerate: function (pSpeed) { // accelerateメソッドを定義します
14            this.speed += pSpeed; // speedプロパティに引数を加えます
15        },
16        decelerate: function (pSpeed) { // decelerateメソッドを定義します
17            this.speed -= pSpeed; // speedプロパティから引数を引きます
18        }
19    };
20
21    c.accelerate(30); // accelerateメソッドを呼び出して、30を加えます
22    alert("現在のスピード：" + c.speed + "km/h"); // 20にメソッドの引数の30を加えた50
                                                    が表示されます
```

これでオブジェクトを作ることができます。間違えやすいのが、次の行です。

```
12        speed: 20,
```

ここでは、行の最後がセミコロンではなく、カンマであることに注意しましょう。この宣言は、次のような書式で作られています。

```
構文    const 変数名 = {
            プロパティ名：値，
            プロパティ名：値，
            プロパティ名：値，
            …
        }
```

　4-5-1 で「メソッド」と表現した「accelerate」や「decelerate」も「プロパティ」の１つです。JavaScriptのプロパティは関数を値として持つことができるため、この性質を利用してメソッドとして定義しています。

> JSONと書き方が似ているけど、厳密にはJSONとは違うよ。「JSONがオブジェクトリテラルの仲間」といういい方が正しいよ。

● コンストラクタ

　「obj1.html」では、「speed」プロパティに直接値が指定されていて、「コンストラクタ」がありません。今度は、コンストラクタを使ったオブジェクトの生成を紹介します。

プログラム：obj2.html

```
11        function Car(pSpeed) { // Carオブジェクトを定義します
12            this.speed = pSpeed; // speedプロパティを定義して、コンストラクタの引数で初期
                                   化します
13        }
14
15        const c = new Car(20); // 定義したCarオブジェクトからインスタンスを定義します
16        alert("現在のスピード：" + c.speed + "km/h"); // speedプロパティの値を警告ウィン
                                                        ドウに表示します
```

　ここでは関数宣言を使って「Car」というオブジェクトを定義しました。関数の中ではプロパティのみを定義していますが、これでコンストラクタにスピードの初期値を指定できるようになりました。

> オブジェクトの定義には、このほかにも「new Object()」を使った宣言などもあるよ。

JavaScriptは関数もオブジェクト

では、なぜこのような宣言でオブジェクトが作られるのでしょうか？　実は、JavaScriptは基本的に何でもオブジェクトになります。そのため、こうして関数を定義するとこの関数も「Function」というオブジェクトになるので、これを利用しています。

プロトタイプ

続いて、メソッドを定義しましょう。14〜19行目に次のように書き加えます。

プログラム：obj3.html

```
11      function Car(pSpeed) {
12          this.speed = pSpeed;
13      }
14      Car.prototype.accelerate = function (pSpeed) { // sccelerateメソッドを定義します
15          this.speed += pSpeed; // speedプロパティに引数を加算します
16      };
17      Car.prototype.decelerate = function (pSpeed) { // decelerateメソッドを定義します
18          this.speed -= pSpeed; // speedプロパティから引数を減算します
19      };
20
21      const c = new Car(20);
22      c.accelerate(30); // accelerateメソッドを呼び出して30を加えます
23      alert("現在のスピード：" + c.speed + "km/h");
```

　ここではaccelerateメソッドを定義していますが、「prototype」という文字列が挟まっています。これは、「**プロトタイプ**」というプロパティにメソッドを追加しているということになります。プロトタイプは、各オブジェクトは「プロトタイプ」という基となるものから派生して、各オブジェクトが生成されているという、JavaScriptの特有の考え方です。このように記述することで、Carオブジェクトの「プロトタイプ」に、メソッドを追加することができるため、これ以降Carオブジェクトには定義したメソッドがついてくる形になります。

継承・プロトタイプチェーン

　クラス定義では、あるクラスに関連したクラスを定義することがあります。例えば、4-5-1 で定義したCarクラスは「車」という曖昧なグループになっていますが、車の中にも「トラック」や「SUV」、「軽自動車」など様々な種類があります。このとき、例えばトラックでは「積載量」というデータが重要な情報だったとします。そこで、Carクラスに「積載量」を表すプロパティを追加したとしましょう。

```
class Car {
    constructor(pSppec, pLoadage) { // コンストラクタにスピードと積載量の引数を定義
        this.spped = pSpeed; // speedプロパティを定義して初期化
        this.loadage = pLoadage; // 積載量を表すloadageプロパティを定義して初期化
    }
    ...
}
```

　しかし、積載量というプロパティはトラック以外の車では不要だとすると、このプロパティはかなり扱いにくくなってしまいます。そこで、トラックにはトラック用のクラスを定義すると、扱いやすくなります。

```
class Car {
    constructor(pSpeed) { // Carクラスにはスピードのみ定義
        this.speed = pSpeed; // speedプロパティを定義して初期化
    }
    ...
}


class Truck {
    constructor(pSppec, pLoadage) { // Truckクラスにはスピードと積載量の引数を定義
        this.spped = pSpeed; // speedプロパティを定義して初期化
        this.loadage = pLoadage; // loadageプロパティを定義して初期化
    }
    ...
}
```

　すると、今度はCarクラスとTruckクラスの両方で「speed」プロパティが定義され、処理も重複していて管理しにくくなってしまいます。そこで使われるのが**「継承」**という考え方です。Carクラスを

「親」、Truckクラスを「子」としてTruckクラスは親クラスであるCarクラスからその特徴を「継承」したたま、独自のプロパティなどを追加できるという考え方で、オブジェクト指向のプログラミング言語の基本的な考え方となっています。

🟢 子クラスを定義する

それでは、Carクラスを継承する形でTruckクラスを子クラスとして定義してみましょう。Carクラスの定義は、「class3.html」のプログラムと同じです。

プログラム：extends.html

```
11      class Car {
12          constructor(pSpeed) {
13              this.speed = pSpeed;
14          }
15
16          accelerate(pSpeed) {
17              this.speed += pSpeed;
18          }
19          decelerate(pSpeed) {
20              this.speed -= pSpeed;
21          }
22      }
23
24      // ここから追加
25      class Truck extends Car { // Carクラスを継承したTruckクラスを定義する
26          constructor(pSpeed, pLoadage) { // コンストラクタを定義し、2つの引数を取得する
27              super(pSpeed); // 親クラスのコンストラクタを呼び出し、speedプロパティを初期化する
28              this.loadage = pLoadage; // loadageプロパティを定義し、初期化
29          }
30      }
31
32      const t = new Truck(20, 10); // Truckオブジェクトのインスタンスを定義します
33      t.accelerate(30); // accelerateメソッドを呼び出して、スピードに加算します
34      alert("現在のスピード：" + t.speed + "km/h"); // スピードを警告ウィンドウに表示します
35      alert("最大積載量：" + t.loadage + "t"); // 積載量を警告ウィンドウに表示します
```

これで、Truckクラスが利用できるようになります。

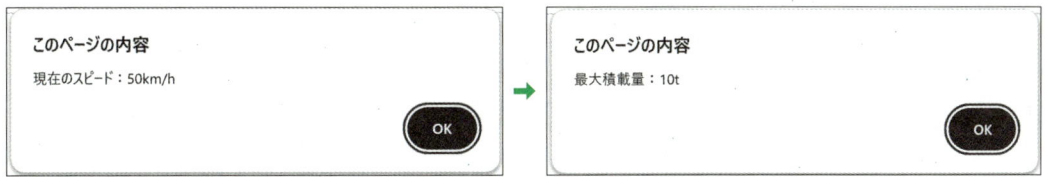

Truckクラスの定義部分を見てみましょう。

25	class Truck extends Car {

ここでは、クラス名に続けて「extends Car」という記述が続いています。これが、親クラスの指定で、これによって親クラスを継承した子クラスが作られます。子クラスの場合、親クラスで定義されているプロパティやメソッドはそのまま利用できます。そのため、次のようにaccelerateメソッドなどは同じように利用することができます。

32	const t = new Truck(20, 10);
33	t.accelerate(30);

🟢 オーバーライド

それでは、Truckクラスのコンストラクタ定義を見てみましょう。

26	constructor(pSpeed, pLoadage) {
27	super(pSpeed);
28	this.loadage = pLoadage;
29	}

ここでは、コンストラクタをTruckクラスで独自に定義しています。これを「**オーバーライド**」といい、オーバーライドされたコンストラクタは親クラスのコンストラクタを利用せずに、ここで定義されたコンストラクタが利用されることになります。Truckクラスのコンストラクタでは、引数が1つ増えています。

```
constructor(pSpeed) { // Carクラスのコンストラクタ
constructor(pSpeed, pLoadage) { // Truckクラスのコンストラクタ
```

この2つ目の引数に「積載量」というTruckクラス独自の引数を指定することができ、これによって独自のプロパティを初期化できます。

28	`        this.loadage = pLoadage;`

親クラスのコンストラクタを呼び出す super

　子クラスのコンストラクタでは、親クラスで定義されている「speed」プロパティも初期化しなければなりません。このときに利用できるのが「**super**」というキーワードです。

27	`        super(pSpeed);`

　これは、オーバーライドした親クラスのメソッドを呼び出すための特別な記述で、ここに引数を渡して呼び出すと、親クラスのコンストラクタが呼び出されます。そこで、ここでは指定された引数をそのまま親クラスのコンストラクタに引き渡すことで、speed プロパティを初期化しています。

　こうして、親クラスと子クラスを定義することで、各クラスの共通部分と独自部分をそれぞれ管理できるようになり、より柔軟なクラス設計が可能になります。

4-5-4 オブジェクトリテラルでの継承

　クラス定義と同様に、オブジェクトリテラルでの定義でもプロトタイプチェーン（継承）を実現することができます。まずは、「obj3.html」を参考に Car オブジェクトを定義しましょう。

プログラム：prototype.html

```
11    function Car(pSpeed) {
12        this.speed = pSpeed;
13    }
14    Car.prototype.accelerate = function (pSpeed) {
15        this.speed += pSpeed;
16    };
17    Car.prototype.decelerate = function (pSpeed) {
18        this.speed -= pSpeed;
19    };
```

　ここに、Truck オブジェクトの定義を追加しましょう。

```
21      function Truck(pSpeed, pLoadage) { // Truckコンストラクタを定義します
22          Car.call(this, pSpeed); // 親オブジェクトにpSpeed引数を渡します
23          this.loadage = pLoadage; // loadageプロパティに引数を代入します
24      }
25      Truck.prototype = new Car(); // Carオブジェクトをプロトタイプチェーンにします
```

これで準備完了です。このTruckオブジェクトを使ってみましょう。

```
27      const t = new Truck(20, 10); // Truckオブジェクトからtを定義します
28      t.accelerate(30);// Carから継承したaccelerateメソッドで加速します
29      alert("現在のスピード：" + t.speed + "km/h"); // speedプロパティを警告ウィンドウ
                                                          に表示します
30      alert("最大積載量：" + t.loadage + "t"); // loadageプロパティを警告ウィンドウに表
                                                   示します
```

このようにして、オブジェクトを定義できます。

Reference

instanceof 演算子

instanceof演算子は、要素の生成元になっているオブジェクトの種類を確認する演算子です。if構文の条件
などに利用されます。

```
11      const str = new String("こんにちは"); // Stringオブジェクトのインスタンスを
                                                  定義します
12      if (str instanceof String) { // instanceof演算してStringオブジェクトのインス
                                         タンス化を検査します
13          alert("strはStringオブジェクトです"); // Stringオブジェクトであることを
                                                      表示します
14      } else { // そうでない場合
15          alert("strはStringオブジェクトではありません"); // 違うと表示します
16      }
```

 **実習問題①**

ユーザー定義オブジェクトを生成し、図のような名前と年齢を警告ウィンドウに表示しましょう。

- 実習データ：lab1_object.html
- 補足　　　：ユーザー定義オブジェクトの生成は、リテラル表記で行います。
- 処理の流れ
  1. リテラル表記で、次の内容のユーザー定義オブジェクトを定義します。
     - name: "富士通 太郎"
     - age: 16
  2. ユーザー定義のプロパティ値を取得して表示します。

解答例

プログラム：lab1_object_a.html

11	//ユーザー定義オブジェクトの生成（リテラル表記による記述例）
12	const taro = { name: "富士通 太郎", age: 16 };
13	
14	//ユーザー定義オブジェクトのプロパティ値を取得して表示
15	alert("名前：" + taro.name);
16	alert("年齢：" + taro.age);

解説

11	//ユーザー定義オブジェクトの生成（リテラル表記による記述例）
12	定数taroに、nameプロパティとageプロパティがあるオブジェクトを定義します。
13	
14	//ユーザー定義オブジェクトのプロパティ値を取得して表示
15	nameプロパティの内容を警告ウィンドウに表示します。
16	ageプロパティの内容を警告ウィンドウに表示します。

次のように、関数宣言を使った方法でも定義できます。

```
プログラム：lab1_object_a2.html
11          //ユーザー定義オブジェクトの生成（関数定義による記述例）
12          function Student(name, age) {
13              this.name = name;
14              this.age = age;
15          }
16
17          const taro = new Student("富士通 太郎", 16);
18          //ユーザー定義オブジェクトのプロパティ値を取得して表示
19          alert("名前：" + taro.name);
20          alert("年齢：" + taro.age);
```

Reference

Strictモード

JavaScriptは、手軽なプログラミング言語を目指していたため、ほかの厳格なプログラミング言語に比べると、エラーのチェックなどがかなり緩く設計されています。例えば、次のプログラムを見てみましょう。

```
プログラム：strict.html
11          const sample = (num1, num2) => { // sampleという関数を定義します
12              result = num1 + num2; // 引数num1, num2を足し合わせてresultに代入します
13              return result; // resultを戻り値として返します
14          }
15
16          alert(sample(10, 20)); // 関数sampleに10と20を渡して結果を警告ウィンドウに表
                                     示します
```

このプログラムを実行すると、警告ウィンドウに「30」と表示されます。

```
このページの内容

30

                          OK
```

しかしこのプログラムには、あまり好ましくない記述があります。12行目の記述を見てみましょう。

```
12              result = num1 + num2;
```

ここでは、resultという変数に「num1 + num2」の結果を代入していますが、変数を宣言する「let」や定数を宣言する「const」の記述がありません。JavaScriptではこのように宣言をしていない変数であっても、利用することができてしまいます。しかし、Strictモードを有効にすると、これがエラーになります。先頭に次のように書き加えましょう。

プログラム：strict2.html

```
11        "use strict"; // Strictモードを有効にする
12        const sample = (num1, num2) => {
```

すると、プログラムは実行されず、次のようなエラーが表示されます。

デベロッパーツールのコンソールに表示されるエラーメッセージ

Uncaught ReferenceError: result is not defined

エラーの意味は「resultが定義されていません」です。一見すると面倒に感じますが、変数を宣言せずに使ってしまうと変数を上書きしてしまったり、違う変数名を使ってしまったりなどの間違いが発生し、結果的にエラーは表示されていないのに正しく動作しないというやっかいな問題が起こります。
これからプログラムを作成する場合には、ぜひStrictモードを有効にして利用してみてください。

 ## 実習問題②

「処理の流れ」に沿って、Accountオブジェクトを定義してプロパティ、メソッドを定義し、「deposit」メソッドと「showData」メソッドを使って残高が増えることを確認しましょう。

実行結果例

- 実習データ：lab2_account.html
- 補足　　　：コンストラクタの定義で、Accountオブジェクトのプロパティを初期化します。
- 処理の流れ
  1. 引数を2つ受け取るコンストラクタを定義します。
  2. コンストラクタで、名義プロパティ（name）と残高プロパティ（blance）を定義し、引数で初期化します。
  3. 引数を1つ受け取るdepositメソッドを定義します。depositメソッドでは、受け取った引数が0より大きい場合は、残高プロパティに引数を加算してtrueを返します。0より小さかった場合には、何もせずに、falseを返します。

4. 引数を受け取らない showData メソッドを定義します showData メソッドでは、名義プロパティと残高プロパティを定義します。showData メソッドでは、名義プロパティと残高プロパティを表示します。表示内容は画面ショットを参考にしてください。

5. オブジェクトを生成します。コンストラクタに渡す引数では、hakoto と 10000 とします。

6. showData メソッドを呼び出した後、deposit メソッドを呼び出します。渡す引数は任意です。

7. 再度 showData メソッドを呼び出し、残高が変化しているか確認します。

📋 解答例

プログラム：lab2_account_a.html

```
11        //Accountオブジェクトの定義（class宣言による記述例）
12        class Account {
13            constructor(pName, pBalance) {
14                this.name = pName;
15                this.balance = pBalance;
16            }
17
18            //預金メソッドの定義
19            deposit(money) {
20                //預金額のチェック
21                if (money > 0) {
22                    this.balance += money;
23                    return true;
24                }
25                //預金額が0以下だったら何もせずにfalseを返す
26                return false;
27            }
28
29            //表示メソッドの定義
30            showData() {
31                alert("名義:" + this.name + " 残高:" + this.balance);
32            }
33        }
34
35        //Accountオブジェクトの生成
36        const ac = new Account("hanako", 10000);
37        //メソッドの呼び出し
38        ac.showData();
```

```
39        ac.deposit(10000);
40        ac.showData();
```

11	//Accountオブジェクトの定義（class宣言による記述例）
12	Accountクラスを定義します。
13	コンストラクタを定義し、pName, pBalanceの引数を取得します。
14	nameプロパティにpNameを代入します。
15	balanceプロパティにpBalanceを代入します。
16	コンストラクタ定義の終了。
17	
18	//預金メソッドの定義
19	depositメソッドを定義します。
20	//預金額のチェック
21	パラメータ「money」が0より上だったら。
22	balanceプロパティにmoneyの内容を加算します。
23	trueを戻り値として返します。
24	if文の終了。
25	//預金額が0以下だったら何もせずにfalseを返す
26	falseを返します。
27	depositメソッド定義の終了。
28	
29	//表示メソッドの定義
30	showDataメソッドを定義します。
31	nameプロパティとbalanceプロパティの内容を警告ウィンドウに表示します。
32	showDataメソッド定義の終了。
33	クラス定義の終了。
34	
35	//Accountオブジェクトの生成
36	Accountクラスのインスタンスを定義し、acとします。
37	//メソッドの呼び出し
38	showData()メソッドを呼び出して、初期化後のbalanceプロパティを表示します。
39	depositメソッドで残高を加算します。
40	showData()メソッドを呼び出して、balanceプロパティの内容が変化していることを確認します。

次のような、関数定義の形で宣言することもできます。

```
11          //Accountオブジェクトのコンストラクタの定義
12          function Account(pName, pBalance) {
13              this.name = pName;
14              this.balance = pBalance;
15          }
16
17          //預金メソッドの定義
18          Account.prototype.deposit = function (money) {
19              //預金額のチェック
20              if (money > 0) {
21                  this.balance += money;
22                  return true;
23              }
24              //預金額が0以下だったら何もせずにfalseを返す
25              return false;
26          }
27
28          //表示メソッドの定義
29          Account.prototype.showData = function () {
30              alert("名義:" + this.name + " 残高:" + this.balance);
31          }
32
33          //Accountオブジェクトの生成
34          const ac = new Account("hanako", 10000);
35          //メソッドの呼び出し
36          ac.showData();
37          ac.deposit(10000);
38          ac.showData();
```

プロトタイプチェーンを使用して、Account（口座）オブジェクトを引き継いだLoanAccount（ローン口座）オブジェクトを作成しましょう。このオブジェクトは、ローン金額プロパティを持ち、またローン金額表示メソッドを持つようにします。詳しくは、処理の流れを参照してください。

実行結果例

- **実習データ：lab3_account.html**
- **補足　　　：実習問題②のソースコードの続きに記述するため、実習問題②のalertも表示されます。**
- **処理の流れ**
  1. **引数を3つ受け取るコンストラクタを定義します。**
  2. **公司と楽内でプロトタイプであるAccountオブジェクトのコンストラクタを呼び出して、名義プロパティ（name）と残高プロパティ（balance）を引数で初期化します。**
  3. **コンストラクタ内で、ローン金額プロパティ（loadn）を定義して、引数で初期化します。**
  4. **loadnAccountのコンストラクタのprototypeプロパティにAccountオブジェクトを生成して代入します。**
  5. **引数を受け取らないshowLoanメソッドを定義します。showLoanメソッドでは、ローン金額プロパティを表示します。表示内容は画面ショットを参考にしてください。**
  6. **オブジェクトを生成します。コンストラクタに渡す引数はtaro、10000、5000とします。**
  7. **showLoanメソッドを呼び出します。**

解答例

プログラム：lab3_account_a.html

```
44      //LoanAccountオブジェクトの定義（class宣言によるプロトタイプチェーンの記述例）
45      class LoanAccount extends Account {
46          constructor(pName, pBalance, pLoan) {
47              super(pName, pBalance);
48              this.loan = pLoan;
49          }
50
51          //ローン金額の表示
```

```
52          showLoan() {
53              alert("ローン金額:" + this.loan);
54          }
55      }
56
57      //LoanAccountオブジェクトの生成
58      const la = new LoanAccount("taro", 10000, 5000);
59      //メソッドの呼び出し
60      la.showLoan();
```

解説	
44	//LoanAccountオブジェクトの定義（class宣言によるプロトタイプチェーンの記述例）
45	LoanAccountクラスを、Accountクラスの子クラスとして定義します。
46	コンストラクタを定義します。
47	親クラスのコンストラクタを呼び出します。
48	pLoanパラメータをloanプロパティに代入します。
49	コンストラクタの終了。
50	
51	//ローン金額の表示
52	showLoanメソッドを定義します。
53	ローン金額としてloanプロパティの内容を警告ウィンドウに表示します。
54	メソッド定義の終了。
55	クラス定義の終了。
56	
57	//LoanAccountオブジェクトの生成
58	LoanAccountオブジェクトのインスタンスをla定数に代入します。
59	//メソッドの呼び出し
60	showLoanメソッドを呼び出します。

プログラムの動作がすべて順調に進むとは限りません。ユーザーの入力が不適切、ディスク容量の不足で正常に書き出せない、通信の失敗、必要データの不足など、様々な状態に対応しなければなりません。そんなときに便利なのが「例外処理」です。

4-6-1 try catch 文

プログラム：try.html

11	`const getErrorMessage = () => { // getErrorMessage関数を定義します`
12	`const num = flm + " limited"; // 宣言されていないflm定数に文字列連結をしてnumに代入します`
13	
14	`alert(num); // 定数numを警告ウィンドウに表示します`
15	`}`
16	`getErrorMessage(); // 関数getErrorMessageを呼び出します`

このプログラムを実行すると、正しく実行されず、次のようなエラーメッセージが表示されます。

デベロッパーツールのコンソールに表示されるエラーメッセージ

`Uncaught ReferenceError: flm is not defined`

このエラーは「flmが定義されていません」という意味です。このように、プログラムの内容に間違いがあると、プログラムは正しく動作せず、その場で止まってしまいます。そのため、画面が真っ白のままになってしまったり、途中までで止まってしまったりすることがあります。開発者であれば、デベロッパーツールでエラーの状況などを確認できますが、ユーザーには何が起こったのかわからず、混乱してしまうでしょう。そこで、「例外処理」を加えます。プログラムを次のように変更しましょう。

プログラム：try2.html

11	`const getErrorMessage = () => {`
12	`try { // try文を開始します`
13	`const num = flm + " limited";`
14	
15	`alert(num);`

```
16              } catch (e) { // catchで例外を受け取ります
17                  alert(e.message);
18              }
19          }
20          getErrorMessage();
```

このプログラムを実行すると、先ほどデベロッパーツールのコンソールに表示された「flm is not defined」というエラーメッセージが警告ウィンドウに表示されます。

このページの内容

flm is not defined

OK

関数の中に try-catch文という構文を加え、実際の処理をtryの中に収めたことにより、エラーが発生したときに「例外」が発生するようになります（これを「例外を投げる」「例外をスローする」などといいます）。この投げられた例外は「Errorオブジェクト」というオブジェクトで渡されるため、「catch」文でこれを受け取ります。ここでは、16行目の「e」というパラメータでErrorオブジェクトを受け取っています。

```
16              } catch (e) {
```

eは、exception（例外）の略だよ。

4-6-2 Errorオブジェクト

Errorオブジェクトには、次のようなプロパティが準備されており、各プロパティに発生した例外の内容が収められています。

description	特定のエラーに関連付けられたエラーを説明する文字列を設定又は返す。
message	エラーメッセージの文字列を返す。
name	エラー名を返す。
number	特定のエラーに関連付けられている数値を設定または取得する。
stack	スタックトレースフレームを含む文字列としてエラースタックを取得または設定する。
stackTraceLimit	表示するエラーフレームの数と等しいスタックトレースの制限を取得又は設定する。

「try2.html」では、「message」プロパティでエラーメッセージを警告ウィンドウに表示しました。

17	alert(e.message);

4-6-3 例外を投げる

例外は、先のようにJavaScriptでエラーが発生するタイミングで、自動的に投げられる場合もありますが、プログラムの中であえてエラーを投げることもできます。次の例を見てみましょう。

プログラム：throw.html

```
11      const getErrorMessage = () => { // getErrorMessage関数を定義します
12          try { // try文を始めます
13              throw new Error("例外がスローされました"); // 例外を投げます
14          } catch (e) { // 例外をキャッチします
15              alert(e.message); // エラーメッセージを警告ウィンドウに表示します
16          }
17      }
```

このプログラムを実行すると、「例外がスローされました」と警告ウィンドウにメッセージが表示されます。

ここでは、「getErrorMessage」という関数を定義して、これを呼び出しています。関数の中では、try文の中で次のように例外を投げています。

| 13 | `throw new Error("例外がスローされました");` |

例外を投げる場合は「throw」と宣言してErrorオブジェクトを指定します。ここでは、新しくオブジェクトを作成して、メッセージとして「例外がスローされました」と指定しました。

このプログラムでは簡単にするために、無条件で例外を投げてしまっていますが、実際の場合は、if構文などで正しい処理ではない場合にのみ例外をスローすることになります。

Reference

例外処理の実践的な例

「getErrorMessage」関数に渡したパラメータの値が不正だった場合に、例外を投げるプログラムを作成してみましょう。またここでは、Errorメッセージを継承した「CustomError」というオブジェクトを作成して投げる例を紹介します。まずは、CustomErrorオブジェクトを定義しましょう。

プログラム：throw2.html

```
11    function CustomError(message) { // 関数宣言の形で新しいオブジェクトを宣言します
12        this.name = "CustomError"; // nameプロパティにCustomErrorを代入します
13        this.message = message || "エラーが発生しました"; // メッセージを代入します
14        this.stack = (new Error()).stack; // スタックトレースという情報を代入します
15    }
16    CustomError.prototype = new Error(); // Errorオブジェクトを継承します
```

Errorオブジェクトを継承したオブジェクトを作成しました。13行目のプログラムを見てみましょう。

```
13        this.message = message || "エラーが発生しました";
```

このプログラムは、「message」というパラメータが指定されていればそれを、指定されていなければ「エラーが発生しました」というメッセージを代入するというプログラムです。「||」という演算子は、論理演算子の「または」の意味であると紹介しました。この演算子には、左側にある値が「true」だった場合、右側の値を評価しないという特性があります。そのため、messageに値が代入されていると右側は無視されるため、「message」の値がそのまま代入されるというわけです。このような応用テクニックも覚えていくと、すっきりとプログラムを書くことができますが、現状でしっかり理解できている必要はありません。

それでは、この例外を投げてみましょう。続けて、次のように記述していきます。

プログラム：throw3.html

```
18    const getErrorMessage = (money) => { // getErrorMessage関数を定義します
19        try { // try文を開始します
20            if (money <= 0) { // moneyパラメータが0以下の場合
21                throw new CustomError("1円以上を指定してください");
                  // 例外を投げます
22            }
23            alert("ご入金ありがとうございました"); // 警告ウィンドウに表示します
24        } catch (e) { // 例外をキャッチします
25            alert(e.message); // エラーメッセージを表示します
26        }
27    }
28    getErrorMessage(200); // getErrorMessage関数を呼び出します
```

このプログラムを実行すると、警告ウィンドウに「ご入金ありがとうございました」と表示されます。

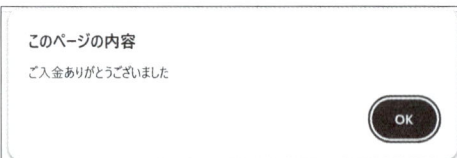

例外は発生せず、正しくプログラムが終了したということです。
ではここで、28行目の関数を呼び出すときのパラメータに0以下の値を指定してみましょう。

プログラム：throw4.html

```
28        getErrorMessage(-200);
```

これを実行すると、「1円以上を指定してください」と表示されるようになりました。

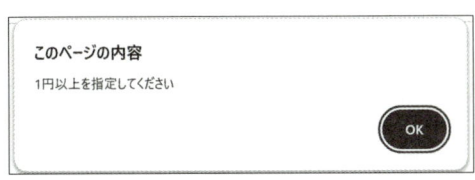

例外が発生し、エラーメッセージが警告ウィンドウに表示されたというわけです。このとき、プログラムは中断されるため、それ以降のプログラムは実行されずに終了します。

このように、例外をうまく活用すればプログラムの流れを制御できるようになります。

✏ 実習問題

　例外処理を用いたプログラムを作成しましょう。価格が、1円以上かつ300,000円以下の場合は正常に処理を終了したメッセージを表示し、0円以下または300,000円を超える場合は例外を発生させます。

1円以上かつ300,000円以下の場合　　　　　　　0円以下または300,000円を超える場合

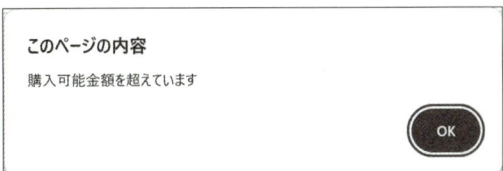

- 実習問題：lab1_throwmessage.html
- 処理の流れ
  1. 定数に価格を格納します。価格は任意です。
  2. tryブロックで変数に格納された価格が、1円以上かつ300,000円以下かを判定します。範囲内の価格であった場合、「購入可能な価格です」と表示します。範囲外だった場合には、「購入可能金額を超えています」というエラーメッセージを持ったErrorオブジェクトをスローします。
  3. catchブロックではスローされたErrorオブジェクトを取得し、エラーメッセージを表示します。

📋 解答例

プログラム：lab1_throwmessage_a.html

```
11          //価格の定数宣言および値の格納
12          const price = 0;
13
14          //価格が1～300,000円以内でなければ例外をスロー
15          try {
16              if (price >= 1 && price <= 300000) {
17                  alert("購入可能な価格です");
18              } else {
19                  //Errorオブジェクトを生成してスロー
20                  throw new Error("購入可能金額を超えています");
21              }
22          } catch (e) {
23              //取得したErrorオブジェクトのmessageプロパティを表示
24              alert(e.message);
25          }
```

解説

行	説明
11	//価格の定数宣言および値の格納
12	price定数に価格を代入します。
13	
14	//価格が1～300,000円以内でなければ例外をスロー
15	tryブロックを開始します。
16	priceが1以上または、300,000以下の場合。
17	「購入可能な価格です」と表示します。
18	そうではない場合。
19	//Errorオブジェクトを生成してスロー
20	Errorオブジェクトをスローします。
21	if文の終了。
22	catchブロックを開始します。
23	//取得したErrorオブジェクトのmessageプロパティを表示
24	Errorオブジェクトのmessageプロパティの内容を表示します。
25	try-catch文の終了。

第 5 章

ブラウザーの操作

5-1 window オブジェクト

windowオブジェクトは、ブラウザーそのものを操作するためのメソッドやプロパティを提供しています。「alert」メソッドもその１つです。windowオブジェクトのインスタンスは自動で生成され、プログラム内では省略できることが特徴です。

5-1-1 タイマーを利用する

windowオブジェクトを利用すると、Webブラウザーのウィンドウを自動的に制御するプログラムを作成できます。ここでは、「3秒後に新しいウィンドウを表示する」プログラムを作成してみましょう。

プログラム：window.html

```
11    const openWindow = () => { // openWindow関数を定義します
12        window.open("https://www.fom.fujitsu.com/goods/", "next");
          // windowのopenメソッドでFOM出版のサイトを開きます。ウィンドウには「next」と
          いう名前を付加して制御できるようにします

13    }
14
15    window.setTimeout(openWindow, 3000); // 3000ミリ秒（3秒）経過後に、openWindow関数
                                           を呼び出します
```

このプログラムを実行すると、3秒間は何も起こりませんが、約3秒経つと新しいウィンドウ（タブ）が開き、FOM出版のWebサイトが表示されます。ただし、Webブラウザーのセキュリティ機能によって、初回はポップアップブロックの警告が表示されることがあります（P.200参照）。Google Chromeの場合は、《○○のポップアップとリダイレクトを常に許可する》→《完了》をクリックしてから、再度実行してみましょう。すると、図のように新しいタブが表示されます。

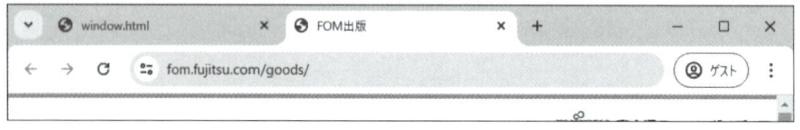

上のプログラムでは、次の２つのメソッドを利用しました。

 open メソッド

openメソッドは新しいウィンドウを開くためのメソッドです。次のような書式で指定します。

> **構文**　`window.open(URL, ウィンドウ名, 属性);`

属性には、次のような内容をカンマ区切りで指定することで、ウィンドウの細かい制御ができます（ただし、近年のタブ形式のブラウザーだと正しく動作しないものもあります）。

toolbar	ツールバーの有無をyesまたはnoで指定します。
location	ロケーションバー（アドレス欄）の有無をyesまたはnoで指定します。
status	ステータスバーの有無をyesまたはnoで指定します。
menubar	メニューバーの有無をyesまたはnoで指定します。
scrollbars	スクロールバーの有無をyesまたはnoで指定します。
width	ウィンドウの横幅（ピクセル数）を指定します。
height	ウィンドウの縦幅（ピクセル数）を指定します。

> 属性を指定するときは、カンマ区切りで必要な属性を並べていくよ。下の例では、作業領域の左から100ピクセル、上から100ピクセルの位置に、横幅320ピクセル、縦幅320ピクセルのウィンドウが表示されるよ。

```
window.open("https://www.fom.fujitsu.com/goods/", "next", "left=100,top=100,width=320,height=320")
```

setTimeout メソッド

タイマーを起動し、指定した時間後に処理を実行することができます。次のような書式で指定します。

> **構文**　`window.setTimeout( 処理または関数 , 設定時間 );`

設定時間はミリ秒で指定する必要があるため、1秒は1000になります。

そのほかのメソッド

windowオブジェクトには、このほかに、次のようなメソッドも準備されています。

alert(文字列)	警告ウィンドウを開き、文字列を表示する。
confirm(文字列)	確認ダイアログボックスを開き、文字列を表示する。戻り値としてtrue/false値を返す。
setTimeout(処理または関数, 設定時間)	指定時間（ミリ秒）後に処理を実行するタイマーを設定する。戻り値としてタイマー名を返す。
prompt(文字列)	入力ダイアログボックスを開き、文字列を表示する。
clearTimeout(タイマー名)	setTimeoutメソッドで設定したタイマーを解除する。
setInterval(処理または関数, 設定時間)	処理を指定時間（ミリ秒）ごとに繰り返すタイマーを設定する。戻り値としてタイマー名を返す。
clearInterval(タイマー名)	引数にタイマー名を指定し、setIntervalメソッドで設定したタイマーを解除する。
open(URL, ウィンドウ名, 属性)	指定したURLを初期表示とするウィンドウを開く。
close()	ウィンドウを閉じる。

✏️ 実習問題

windowオブジェクトを用いて、3秒経過したらウィンドウを閉じるプログラムを作成しましょう。

- **実習データ** ：lab1_closewindow.html
- **補足** ：setTimeoutメソッドで、指定時間（ミリ秒）後に処理を実行するタイマーを設定します。戻り値としてタイマー名を返します。
- **処理の流れ**
  1. windowオブジェクトを用いて、ウィンドウを閉じる処理を関数で定義します。
  2. windowオブジェクトを用いて、3秒経過後に上記の関数を実行する処理を定義します。

📑 解答例

プログラム：lab1_closewindow_a.html

```
11    //ウィンドウを閉じる処理を記述した関数の定義
12    const closeWindow = () => {
13        //ウィンドウを閉じる
14        window.close();
15    }
16
17    //3秒経過後に関数を実行
18    window.setTimeout(closeWindow, 3000);
```

11	//ウィンドウを閉じる処理を記述した関数の定義
12	closeWindow関数を定義します。
13	//ウィンドウを閉じる
14	windowオブジェクトのcloseメソッドを呼び出して、ウィンドウを閉じます。
15	関数定義の終了。
16	
17	//3秒経過後に関数を実行
18	windowオブジェクトのsetTimeoutメソッドでタイマーを起動します。3000ミリ秒（3秒）後にcloseWindow関数を呼び出します。

Reference

ブラウザー関連オブジェクトの種類

これから紹介するnavigatorオブジェクト、location オブジェクト、documentオブジェクトなどは、windowオブジェクトの子となるオブジェクトで、次のようにアクセスすることができます。

```
window.document.title = "タイトルを書き換えます";
```

ただし、windowオブジェクトの記述は省略することができるため、下のように省略するのが一般的です。

```
document.title = "タイトルを書き換えます";
```

これら、windowオブジェクトの子として利用可能なオブジェクト（ここでは、ブラウザー関連オブジェクトと呼びます）には、次のようなものがあります。

application cache	Webアプリケーションがオフラインでも動作できるように、「キャッシュ」機能を提供します。
document	Webブラウザーのコンテンツ表示部分を制御します。documentオブジェクトの中には、各要素を制御するElementオブジェクトなどもあります。
history	Webブラウザーの「閲覧履歴」を制御します。
location	現在表示しているWebページのアドレス（URL）を取得したり、制御したりします。
navigator	Webブラウザーの各種情報や現在の状態を制御します。
localStorage	Webブラウザーに搭載されているストレージ機能を制御し、データを保存しておくことができます。
sessionStorage	localStorageと同様のストレージ機能ですが、セッション中（Webブラウザーを開いている間）だけ値を保持できます。

navigatorオブジェクトは、アクセスしてきた環境に関する情報を取得するプロパティを多く持っています。とくに、Webブラウザーの種類を表す「ユーザーエージェント情報」は、処理を振り分けるときなどによく利用されます。

5-2-1　Webブラウザーの種類で処理を分ける

　WebサイトやWebサービスを開発すると、様々なWebブラウザーからアクセスされることになります。しかし、Webブラウザーの種類やバージョンによっては、正しく動作しない場合や、特定の機能が使えない場合などがあり、Webブラウザーの種類を特定したいことがあります。そんなときに使えるのが「ユーザーエージェント」と呼ばれる、Webブラウザーが固有に持っている情報です。まずは、次のプログラムを作成してみましょう。

プログラム：navigator.html

```
11    const browser = navigator.userAgent; // navigatorオブジェクトのuserAgentプロパティ
                                            の値を定数に代入します

12    alert(browser); // 定数の内容を警告ウィンドウに表示します
```

　このプログラムを実行すると、警告ウィンドウに次のような文字列が表示されます。内容は、Webブラウザーの種類などによって異なります。

このページの内容

Mozilla/5.0 (Windows NT 10.0; Win64; x64) AppleWebKit/537.36
(KHTML, like Gecko) Chrome/124.0.0.0 Safari/537.36

　OK

　これが、「ユーザーエージェント」と呼ばれる情報です。主に次のような内容になっています。

- **Mozilla/5.0**

　Mozillaとは、世界で最初に普及したWebブラウザーである「Netscape Navigator」などに付けられたコード名のことです。後発のWebブラウザーとMozillaに互換性があることを示すため、ユーザーエージェントの先頭に、「Mozilla/バージョン番号」と付加することが多くなったことの名残です。

- **（Windows NT 10.0; Win64; x64）**

　Webブラウザーが動作しているOS（基本ソフト）の情報で、上記の場合はWindows 11の64bit版であることを表します。例えば、macOSでアクセスした場合は代わりに次のように表示されます。

```
Mozilla/5.0 (Macintosh; Intel Mac OS X 10_15_7)
```

- **AppleWebKit/537.36 (KHTML, like Gecko) Chrome/124.0.0.0 Safari/537.36**

　これは、Webブラウザーに内蔵されている「レンダリングエンジン」と呼ばれる、HTMLやCSSを解釈するエンジン部分に関する情報です。Google ChromeというWebブラウザーは、「Blink」というレンダリングエンジンを採用しています。これは、Googleが開発したレンダリングエンジンですが、基となっているのはAppleが開発した「WebKit」というレンダリングエンジンです。さらにWebKitも「KHTML」というレンダリングエンジンを基に開発されているため、これらのベースとなっているレンダリングエンジンをすべて盛り込んだ文字列になっています。WebKitは、macOSの「Safari」に搭載されていて、Google ChromeはこのSafariと互換性があることから、「Safari」という文言も含まれています。さらには、FirefoxというWebブラウザーに搭載されている「Gecko」というレンダリングエンジンにも似ていることから、「like Gecko」と記載されています。

> ユーザーエージェントの情報は、どんどん盛り込む情報が増えてしまって、本当は不要に見える情報なども削られることなく、すべて盛り込まれているような形になってしまったんだね。

ユーザーエージェントで処理を分ける

それでは今度は、このユーザーエージェント情報を使って処理を振り分けてみましょう。これには、文字列の中から一部の文字列を検索する「indexOf」メソッドを利用します。次のように書き加えましょう。

プログラム：navigator2.html

```
14    if (browser.indexOf("Edg") > 0) { // エージェント情報に「Edg」が含まれている場合
15        alert("Edge"); // Edgeと警告ウィンドウに表示します
16    } else if (browser.indexOf("Firefox") > 0) { // エージェント情報に「Firefox」が含
                                                      まれている場合
17        alert("Firefox"); // Firefoxと警告ウィンドウに表示します
18    } else if (browser.indexOf("Chrome") > 0) { // エージェント情報に「Chrome」が含ま
                                                      れている場合
19        alert("Chrome"); // Chromeと警告ウィンドウに表示します
20    } else { // いずれも含まれていない場合
21        alert("そのほかのブラウザー"); // そのほかのブラウザーと警告ウィンドウに表示
                                          します
22    }
```

このプログラムを実行すると、Google Chromeでアクセスしている場合は「Chrome」と警告ウィンドウに表示されます。

また、同じプログラムをMicrosoft Edgeで実行すると、今度は「Edge」と表示されます。

> **このページの内容:**
>
> Edge
>
> OK

このように、アクセスした環境に応じて表示される内容が変化します。

実際にはこのif文を使って、対応したい機能があった場合の代替手段にしたり、何か警告文を表示したりなどで利用されることがあります。

5-2-3 navigatorオブジェクトのプロパティ

navigatorオブジェクトにはこのほかに、次のようなプロパティがあります。

onLine	ブラウザーがオンラインの場合はtrueを、オフラインの場合はfalseを返す。
oscpu	ブラウザーを実行しているOSの情報を返す。
userAgent	ブラウザーの情報を取得する。

✏️ 実習問題

navigatorオブジェクトを用いて、現在オンラインであるかを確認するプログラムを作成しましょう。オンラインだった場合は、別のWebページを表示するようにします。

- **実習データ**　　　：lab1_checkonline.html
- **補足**　　　　　　：onLineプロパティは、ブラウザーがオンラインの場合はtrueを、オフラインの場合はfalseを返します。
- **処理の流れ**
  1. navigatorオブジェクトのプロパティを使用して、オンライン状態を確認します。
  2. オンラインの場合、windowオブジェクトのメソッドを使用して、別のページ（next.html）を開きます。

📋 解答例

11	`//オンラインの場合、ウィンドウを開く`
12	`if (navigator.onLine) {`
13	`    window.open("next.html", "next");`
14	`}`

解説

11	//オンラインの場合、ウィンドウを開く
12	ネットに接続されているかをnavigator.onLineプロパティで調べてオンラインであれば
13	新しいウィンドウを開いて、next.htmlを開きます。ウィンドウ名に「next」と付加します
14	if文の終了

　Google Chromeでは、JavaScriptで新しいウィンドウを開く場合にセキュリティ機能が発動して、ブロックされることがあります。アドレスバーの右端にウィンドウに斜線の入ったアイコン（🪟）が表示されるので、これをクリックし、《〇〇のポップアップとリダイレクトを常に許可する》→《完了》をクリックしましょう。再読み込みをすると新しいウィンドウが開きます。

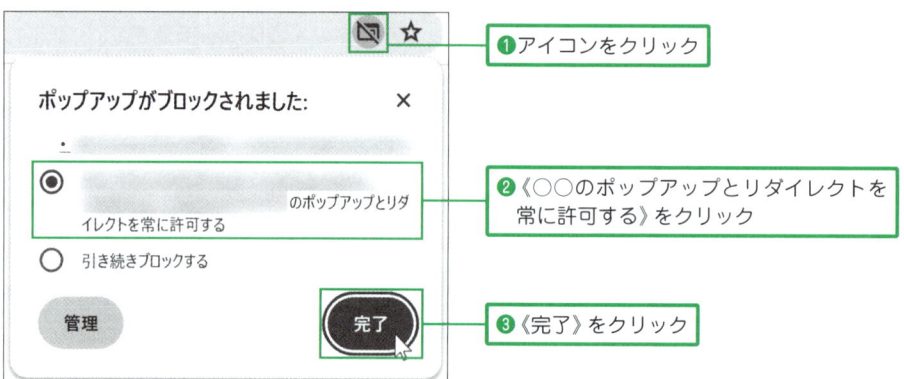

　オフラインの状態を確認したい場合は、Wi-Fiを一時的に切断したり、LANケーブルが接続されている場合は、それを一時的に抜いて確認したりするとよいでしょう。

5-3 location オブジェクト

locationオブジェクトは、現在表示しているWebページの場所（＝アドレス）を管理するオブジェクトです。これを利用すると、JavaScriptで自動的にページを移動させることができます。

5-3-1 再読み込みとほかのページへの移動ボタンを作る

ここでは、locationオブジェクトを利用してWebページを再読み込みするボタンと、ほかのWebサイトにアクセスするボタンを作成してみましょう。まずは、次のようなHTMLを準備します。

```
プログラム：location.html
10    <p><button type="button" id="btn1">再読み込み</button></p>
11    <p><button type="button" id="btn2">ほかのページを読み込む</button></p>
```

このプログラムを実行すると、図のようなボタンが表示されます。

```
再読み込み

ほかのページを読み込む
```

> ここではまだボタンに動作を設定していないから、クリックしても何も起こらないよ。

ページを再読み込みする

では、再読み込みボタンを実装しましょう。次のように追加します。

プログラム：location2.html

```
14      document.getElementById('btn1').addEventListener('click', () => {
        // id属性がbtn1のボタンのクリックイベントを定義します
15          location.reload(true); // Webブラウザーのキャッシュを破棄して再読み込みします
16      });
```

このプログラムを実行し、「再読み込み」ボタンをクリックするとWebブラウザーの再読み込みボタンと同様に、同じページが再度読み込まれます。15行目のプログラムを見てみましょう。

```
15          location.reload(true);
```

ここでは、ボタンのクリックイベントに対応してlocationオブジェクトの「reload」メソッドを呼び出しました。これによって、Webブラウザーが再読み込みされます。このとき、パラメータとしてブール値の「true」を指定しています。これは、「キャッシュを破棄するかどうか」という指定です。trueの場合、Webブラウザーが保持しているキャッシュを破棄します。キャッシュが利用されると、読み込みが早くなる代わりに情報が一部古いままになってしまう可能性があるため、破棄した方がよい場合があります。

「キャッシュ」とは、読み込みを早くするために一時保存している情報のことだよ。

● ほかのページに移動する

今度は、「ほかのページを読み込む」ボタンを実装しましょう。次のように追加します。

プログラム：location3.html

```
18      document.getElementById('btn2').addEventListener('click', () => {
        // id属性がbtn2のボタンのクリックイベントを定義します
19          location.href = 'https://www.fom.fujitsu.com/goods/';
            // hrefプロパティに新しいアドレスを代入して移動します
20      });
```

このプログラムを実行し、「ほかのページを読み込む」ボタンをクリックすると、FOM出版のWebサイトが表示されます。19行目のプログラムを見てみましょう。

```
19          location.href = 'https://www.fom.fujitsu.com/goods/';
```

locationオブジェクトのhrefプロパティは、「Webブラウザーが現在表示しているWebページのアドレス」を管理しているプロパティです。このプロパティに新しい値を代入すると、Webブラウザーは自動的にそのアドレスに移動し、Webページを表示します。そのため、このプロパティはよくプログラム制御で別のページに移動させたいときなどによく利用されます。

5-3-2 locationオブジェクトのプロパティ

locationオブジェクトには、次のようなプロパティがあります。代表的なものを紹介します。

href	完全なURLを返す。
hash	URLの#に続く値を返す。
search	URLの?に続く値を返す。
reload(trueまたはfalse)	ページを再読み込みする。trueの場合には、必ず新しいページを取得する。falseの場合には、キャッシュからページを読み込む可能性がある。

5-4 document オブジェクト

documentオブジェクトは、Webブラウザーの表示エリアを制御するオブジェクトです。すでに本書でも「getElementById」などで利用してきました。HTMLを操作するときなどに使用されるため、非常に利用頻度の高いオブジェクトといえます。

 5-4-1 querySelector メソッドを利用する

これまで、ページ内の要素を取得する場合は「getElementById」メソッドを利用してきました。

プログラム：getElementById.html

```
10    <button id="btn">クリック</button>
11    <script>
12        const btn = document.getElementById('btn'); // id属性がbtnの要素を取得する
13    </script>
```

このメソッドの引数には、HTMLタグのid属性を指定します。そのため、下のようにHTMLの要素にid属性が割り振られていない場合、このメソッドを使うことができません。

プログラム：getElementById2.html

```
10    <button>クリック</button>
```

このような要素を取得するときに便利なのが「querySelector」メソッドです。次のようなプログラムを作成してみましょう。

プログラム：querySelector.html

```
10    <input type="text" name="myname" value="富士通 太郎">
```

これを画面に表示すると、図のようなテキストフィールドが表示されます。

富士通 太郎

このテキストフィールドの値を取得したいとしましょう。このテキストフィールドにはid属性が割り振られていないため、「getElementById」メソッドは利用できません。ただし、name属性が割り振

られています。これを使えば「querySelector」で取得することができます。scriptタグ内に次のように追加しましょう。

```
12        const textboxElement = document.querySelector('input[name="myname"]');
          // querySelectorで要素を取得します
13        alert(textboxElement.value); // valueプロパティを警告ウィンドウに表示します
```

このプログラムを実行すると、警告ウィンドウにvalue属性の値が正しく表示されます。

12行目を見てみましょう。

```
12        const textboxElement = document.querySelector('input[name="myname"]');
```

ここでは、querySelectorメソッドに次のような引数を指定しています。

```
input[name="myname"]
```

これは、CSSの「セレクター」を利用したもので、ここでは「属性セレクター」を利用して要素を特定しています。CSSのセレクターについては、本書では詳しく紹介できないので、興味があればCSSなどを学習してみてください。

> id属性も「#id」というCSSセレクターで取得できるので、getElementById
> を使わずにquerySelectorを使うこともできるよ。

● 複数の要素があった場合の動作

querySelectorの場合、指定したセレクターによっては複数の要素が対象になってしまうことがあります。

　このとき、次のようにクラスセレクターを使って要素を取得しようとすると、上記3つともが対象になってしまいます。

　こうすると、結果としては一番上にある要素が取得されます。2番目以降の要素は無視されます。

　もし、すべての要素を取得したい場合は、代わりに「querySelectorAll」メソッドを利用しましょう。配列の形ですべての要素を取得することができます。

5-4-2 documentオブジェクトの主なプロパティやメソッド

　documentオブジェクトには、主に次のようなプロパティとメソッドがあります。

lastModified	ドキュメントの最終更新日を返すプロパティ。
open()	新規ウィンドウにドキュメントを表示する準備を行う。
close()	新規ウィンドウと元のウィンドウの接続を切断する。
write("表示内容")	ドキュメントを出力する。
getElementById("id")	指定したid属性を持つHTMLの要素を返す。
getElementsByTagName("要素名")	指定したHTML要素のコレクションを返す。
querySelector("CSSのセレクター ")	指定したセレクターを持つHTMLの要素を返す。
querySelectorAll("CSSのセレクター ")	指定したセレクターを持つHTMLのすべての要素を返す。

実習問題①

　テキストボックスの入力チェックを行い、空の状態で送信ボタンをクリックすると、入力を促す警告ウィンドウを表示するプログラムを作成しましょう。

実行結果例

テキストボックス

| 郵便番号：[　　　　] |
| 住所：[　　　　　　　　　] |
| 氏名：[　　　　　] |
| [送信] [取消] |

郵便番号のテキストボックスが空　　　　　　　　住所のテキストボックスが空

　　　　　　　　　　　　　　　　　　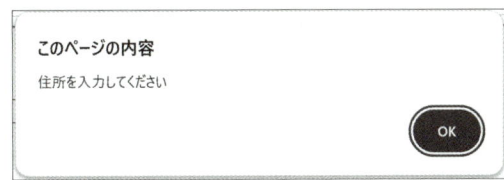

氏名のテキストボックスが空

- **実習データ**　　　　**：lab1_checkform.html**
- **処理の流れ**
  1. **document** オブジェクトのメソッドを使用して、フォームを取得し、**onsubmit** イベントハンドラを定義します。フォームの **id** 属性は **fm** です。
  2. **document** オブジェクトのメソッドを使用して、テキストボックスを取得します。**id** 属性は、それぞれ以下の通りです。

     郵便番号　　　**：postalCode**

     住所　　　　　**：address**

     指名　　　　　**：name**
  3. テキストボックスの **value** プロパティを取得して、空の文字列 (**""**) である場合にはメッセージを表示します。メッセージは任意です。その後、**false** を返して送信を取りやめます。

解答例

```
10    <form action="nextPage.html" method="get" id="fm">
11        <fieldset>
12            <p>郵便番号：<input type="text" id="postalCode" name="postalCode"
              maxlength="8" size="8"></p>
13            <p>住所：<input type="text" id="address" name="address" size="40"></p>
14            <p>氏名：<input type="text" id="name" name="name" size="20"></p>
15            <button type="submit">送信</button>
16            <button type="reset">取消</button>
17        </fieldset>
18    </form>
19    <script>
20        //フォームのonsubmitイベントハンドラの設定
21        document.getElementById('fm').addEventListener('submit', (e) => {
22            //郵便番号の入力チェック
23            if (document.getElementById('postalCode').value === '') {
24                alert("郵便番号を入力してください");
25                e.preventDefault();
26            }
27            //住所の入力チェック
28            if (document.getElementById('address').value === '') {
29                alert("住所を入力してください");
30                e.preventDefault();
31            }
32            //氏名の入力チェック
33            if (document.getElementById('name').value === '') {
34                alert("氏名を入力してください");
35                e.preventDefault();
36            }
37        });
38    </script>
```

10	id属性がfmのフォームを実装します。
11	フィールドセットを実装します。
12	郵便番号を入力するテキストボックスを実装します。
13	住所を入力するテキストボックスを実装します。
14	氏名を入力するテキストボックスを実装します。
15	送信ボタンを実装します。
16	リセットボタンを実装します。
17	フィールドセットの終了タグ。
18	フォームの終了タグ。
19	スクリプトの開始タグ。
20	//フォームのonsubmitイベントハンドラの設定
21	id属性がfmのフォーム要素を取得し、送信ボタンをクリックしたときのイベントを定義します。
22	//郵便番号の入力チェック
23	id属性がpostalCodeのテキストボックスの値が空文字（''）と等しかったら。
24	エラーメッセージを表示します。
25	フォームの送信をキャンセルします。
26	if文の終了。
27	//住所の入力チェック
28	id属性addressのテキストボックスの値が空文字（''）と等しかったら。
29	エラーメッセージを表示します。
30	フォームの送信をキャンセルします。
31	if文の終了。
32	//氏名の入力チェック
33	id属性nameのテキストボックスの値が空文字（''）と等しかったら。
34	エラーメッセージを表示します。
35	フォームの送信をキャンセルします。
36	if文の終了。
37	イベント定義の終了。
38	スクリプトの終了タグ。

5

ブラウザーの操作

documentオブジェクトのプロパティを利用し、最終更新日を取得して月と日を画面に表示するプログラムを作成しましょう。

実行結果例

最終更新日：5月29日

- **実習データ**　　：lab2_showlastmod.html
- **補足**　　　　　：documentオブジェクトのlastModifiedプロパティは、ドキュメントの最終更新日を返します。ElementオブジェクトのtextContentプロパティは、HTML内のテキスト内容を書き換えます。

- **処理の流れ**
  1. 引数にdocument.lastModifiedプロパティを指定し、Dateオブジェクトを生成します。
  2. Dateオブジェクトのメソッドを使用して、最終更新日の月と日を取得し、変数に格納します。
  3. documentオブジェクトのメソッドを使用して、spanを取得します。spanのid属性はspです。
  4. 取得したspanのtextContentプロパティに月と日を格納して画面に表示させます。

📋 **解答例**

プログラム：lab2_showlastmod_a.html

```
10    <p>最終更新日:<span id="sp"></span></p>
11    <script>
12        //最終更新日の定数宣言および値の格納
13        const lastUpdate = new Date(document.lastModified);
14
15        const m = lastUpdate.getMonth() + 1;
16        const d = lastUpdate.getDate();
17
18        //span要素を取得
19        const spElement = document.getElementById("sp");
20        //最終更新日を取得して、span要素に表示
21        spElement.innerHTML = m + "月" + d + "日";
22    </script>
```

10	最終更新日を表示します。
11	スクリプトの開始タグ。
12	//最終更新日の定数宣言および値の格納
13	`document.lastModified`プロパティで文書の最終更新日を`lastUpdate`定数に代入します。
14	
15	最終更新日の月を取得し、1月が0から始まるため1を加えて定数に代入します。
16	最終更新日の日を取得し、定数に代入します。
17	
18	//span要素を取得
19	id属性がspの要素を取得します。
20	//最終更新日を取得して、span要素に表示
21	取得した要素の内容を 1月2日といった書式で表示します。
22	スクリプトの終了タグ。

documentオブジェクトのlastModifiedプロパティには、日付の内容が次のような文字列の形式で入っています。

```
05/29/2024 08:59:47
```

これを扱いやすくするために、Dateオブジェクトのコンストラクタにパラメータとして指定することで、Dateオブジェクトに変換し、getMonthメソッドやgetDateメソッドを利用できるようにしています。

5

ブラウザーの操作

Element オブジェクト

「getElementById」メソッドや「querySelector」メソッドで取得できる要素は、Element オブジェクトというオブジェクトの形式になっています。改めて紹介します。

🟢 入力チェックを行うプログラムを作る

次のような HTML を準備しましょう。

プログラム：text.html

```
10    <form action="text-next.html" method="post">
11        <p>名前：<input type="text" name="name" size="20"></p>
12        <p>年齢：<input type="text" name="age" size="3"></p>
13        <p>
14            <button type="submit">送信</button>
15            <button type="reset">取消</button>
16        </p>
17    </form>
```

この HTML を実行すると、図のようなフォームが Web ブラウザーに表示されます。

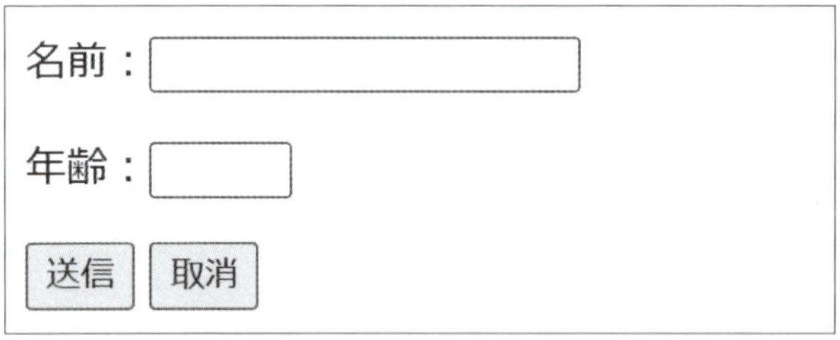

名前：[   ]

年齢：[   ]

[送信] [取消]

合わせて、次のようなファイルを準備しておきましょう。

プログラム：text-next.html

```
10    <p>フォームが送信されました</p>
```

フォームの「送信」ボタンをクリックすると、「フォームが送信されました」と表示のある画面に移動します。現状では、フォームに何も入力していなくても送信ができてしまいます。そこで、名前と年齢が入力されていない場合は、警告を表示して送信できないようにしましょう。次のように追加します。

```
20    document.querySelector('form').addEventListener('submit', (e) => {
      // form要素を取得して送信イベントを定義します
21        const name = document.querySelector('input[name="name"]').value;
          // テキストフィールドを取得し、内容をname定数に代入します
22        if (name === "") { // name定数が空の場合
23            alert('名前を入力してください'); // エラーメッセージを表示します
24            e.preventDefault(); // フォームの送信をキャンセルします
25        }
26        const age = document.querySelector('input[name="age"]').value;
          // テキストフィールドを取得し、内容をage変数に代入します
27        if (age === "") { // age定数が空の場合
28            alert('年齢を入力してください'); // エラーメッセージを表示します
29            e.preventDefault(); // フォームの送信をキャンセルします
30        }
31    });
```

ここでは、フォーム要素を「querySelector」メソッドを使って取得しました。これによって、Elementオブジェクトを取得できます。

```
document.querySelector('form')
```

Elementオブジェクトには、イベントを定義する「addEventListener」メソッドが準備されているため、これを使ってイベントを定義します。ここでは、フォームの送信を表す「submit」イベントのイベントリスナーを定義します。

続いて、テキストフィールドをquerySelectorメソッドで取得します。こちらもElementオブジェクトを取得できます。

```
document.querySelector('input[name="name"]')
```

valueプロパティで、テキストフィールドの値を取得できるため、これを定数に代入しました。

```
21        const name = document.querySelector('input[name="name"]').value;
```

そして、if文で入力されているかを確認しますが、このとき、24行目に注目しましょう。

```
24            e.preventDefault();
```

この「e」というのは、イベントリスナーの定義で引数として指定されているEventオブジェクトです。

```
20    ....addEventListener('submit', (e) => {
```

　このEventオブジェクトを使うと、イベント内容を制御することができます。ここでは、「preventDefault」メソッドで、標準の動作を取り消しています。「submit」イベントの標準の動作とは、「フォームを送信する」という動作であるため、ここではフォームの送信が取り消されるというわけです。

　こうして、フォームの入力チェックを行うことができます。様々なオブジェクトが絡み合ってプログラムが作られていることがわかります。

● ファイルの最終更新日を表示する

　もう1つ、documentオブジェクトを使ったプログラムを作成してみましょう。ここでは、ファイルの最終更新日を確認するプログラムを作成します。

プログラム：moddate.html

```
10        <p>最終更新日： <span id="sp"></span></p>
11        <script>
12            const spElement = document.getElementById("sp"); // id属性がspの要素を取得します
13            spElement.textContent = document.lastModified;
              // 要素の内容としてlastModifiedプロパティの内容を表示します
14        </script>
```

　このプログラムを実行すると、図のようにWebブラウザーにそのファイルを最後に更新した日時が表示されます。

最終更新日： 05/13/2024 11:06:37

　ここでは、documentオブジェクトの「lastModified」プロパティの値を表示しています。ファイルの内容を変更して上書き保存し、再度表示してみると、日時が変化することが確認できます。

5-4-4 Elementオブジェクトの主なプロパティとメソッド

Elementオブジェクトには、次のようなプロパティとメソッドがあります。

innerHTML	HTML要素内のタグを文字列として取得、設定することですでに読み込まれたWebページの内容を書き換えることができるプロパティ。Webページ上でHTMLが解釈される。
textContent	innerHTML同様、Webページの書き換えを行うが、Webページ上でHTMLは解釈されない。
属性プロパティ	HTMLタグの属性と同名のプロパティ。属性の値を取得・設定する。
setAttribute("属性名", 値)	HTML要素に新しい属性を追加、またはHTML要素に存在する属性の値を変更する。
getAttribute("属性名")	引数で指定したHTML要素の属性の値を返す。

実習問題③

次のようなHTMLを準備します。

```
10    <form name="myform">
11        <fieldset>
12            <legend>為替レート計算</legend>
13            <p>
14                <input type="text" id="money" size="15" placeholder="金額">
15                <select id="rate">
16                    <option value="100">ドル</option>
17                    <option value="135">ユーロ</option>
18                    <option value="165">ポンド</option>
19                </select>
20                を日本円に変換すると<input type="text" id="result" size="15"
                  placeholder="結果">円
21            </p>
22        </fieldset>
23    </form>
```

金額を入力してドルまたはユーロ、ポンドをリストボックスで選択すると為替レートを計算し、日本円にした値を表示するプログラムを作成しましょう。為替レートは<option>タグのvalue属性のものを

215

利用します。

ドル

```
┌─為替レート計算────────────────────────────────────────┐
│                                                        │
│  100          ポンド ▽  を日本円に変換すると 16500        円 │
│                                                        │
└────────────────────────────────────────────────────┘
```

ポンド

```
┌─為替レート計算────────────────────────────────────────┐
│                                                        │
│  100          ドル  ▽  を日本円に変換すると 10000        円 │
│                                                        │
└────────────────────────────────────────────────────┘
```

ユーロ

```
┌─為替レート計算────────────────────────────────────────┐
│                                                        │
│  100          ユーロ ▽  を日本円に変換すると 13500        円 │
│                                                        │
└────────────────────────────────────────────────────┘
```

- 実習データ　　　　：lab3_calcexchange.html
- 補足　　　　　　　：金額に数値以外を入れた場合は、結果に NaN が表示されます。
- 処理の流れ
  1. document オブジェクトのメソッドを使用して、リストボックスを取得し、change イベントを定義します。リストボックスの id 属性は rate です。
  2. document オブジェクトのメソッドを使用して、テキストボックスを取得します。id 属性はそれぞれテキストボックスが money、リストボックスが rate です。
  3. 取得した値を使用して、為替を計算し、結果用のテキストボックスに表示します。結果用のテキストボックスの id 属性は result です。

📑 解答例

プログラム：lab3_calcexchange_a.html

```
25    //リストボックスのonchangeイベントハンドラ
26    document.getElementById("rate").addEventListener('change', () => {
27        //テキストボックスおよびリストボックスを取得
28        const moneyElement = document.getElementById("money");
29        const rateElement = document.getElementById("rate");
30        const resultElement = document.getElementById("result");
31
32        //取得した値を使用して為替計算
33        resultElement.value = moneyElement.value * rateElement.value;
34    });
```

解説

25	//リストボックスのonchangeイベントハンドラ
26	id属性がrateのテキストボックスを取得し、changeイベントのイベントリスナーを定義します。
27	//テキストボックスおよびリストボックスを取得
28	id属性がmoneyのテキストボックスを取得して、moneyElementに代入します。
29	id属性がrateのドロップダウンリストを取得して、rateElementに代入します。
30	id属性がresultのテキストボックスを取得して、resultElementに代入します。
31	
32	//取得した値を使用して為替計算
33	resultElementにmoneyElementの値にrateElementの値をかけた結果を表示します。
34	イベントリスナーの終了。

📝 実習問題④

テキストボックスの入力チェックを行うプログラムを作成しましょう。次のHTMLを準備します。

```
10    <form action="nextPage.html" method="get" id="fm">
11        <fieldset>
12            <p>郵便番号：<input type="text" id="postalCode" name="postalCode"
              maxlength="8" size="8"></p>
13            <button type="submit">送信</button>
14        </fieldset>
15    </form>
```

　テキストボックスが空の状態で送信ボタンをクリックしたら、入力を促すメッセージを表示します。また、RegExpオブジェクトのメソッドを使用して、正規表現で郵便番号の形式が正しいかを確認します。本実習では、ハイフン（-）込みの8桁、またはハイフンなしの7桁の値のみ正しい郵便番号の形式とみなします。

実行結果例

テキストボックス

郵便番号：[_____]

[送信]

郵便番号が空

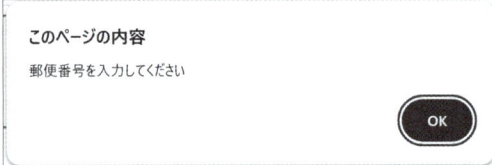

郵便番号の形式が不適切

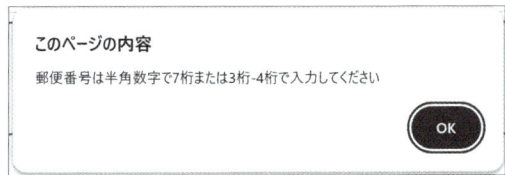

- 実習データ ：lab4_checkform.html
- 処理の流れ
  1. RegExpオブジェクトを生成します。生成時の引数として、ハイフン (-) 込みの8桁、またはハイフンなしの7桁の値を表す正規表現を設定します。
  2. RegExpオブジェクトのメソッドを呼び出して、変数に格納された値を確認します。
  3. 条件分岐を使用して、形式が正しかった場合と間違っていた場合で表示を変更します。

📄 解答例

プログラム：lab4_checkform_a.html

17	//フォームのonsubmitイベントハンドラ
18	document.querySelector("#fm").addEventListener("submit", (e) => {
19	//RegExpオブジェクトの生成
20	const regExp = new RegExp("^[0-9]{3}-[0-9]{4}$|^[0-9]{7}$");
21	//郵便番号入力欄の参照
22	const postalText = document.querySelector("#postalCode").value;
23	
24	//郵便番号の未入力チェック
25	if (postalText === '') {
26	alert("郵便番号を入力してください");
27	e.preventDefault();
28	}
29	
30	//郵便番号の入力形式チェック
31	if (!regExp.test(postalText)) {
32	alert("郵便番号の入力形式に誤りがあります")
33	e.preventDefault();
34	}
35	});

解説

17	//フォームのonsubmitイベントハンドラ
18	id属性がfmの要素を取得し、送信時のイベントを定義します。
19	//RegExpオブジェクトの生成

20	郵便番号の書式を検査する正規表現をRegExpオブジェクトで定義します。
21	//郵便番号入力欄の参照
22	id属性がpostalCodeのテキストボックスの値を取得して定数に代入します。
23	
24	//郵便番号の未入力チェック
25	郵便番号が空だったら。
26	警告メッセージを表示します。
27	フォームの送信をキャンセルします。
28	if文の終了。
29	
30	//郵便番号の入力形式チェック
31	正規表現の検査に通過しなかったら。
32	警告メッセージを表示します。
33	フォームの送信をキャンセルします。
34	if文の終了。
35	イベント定義の終了。

ここで指定した正規表現は、下記の条件を作り上げています。

- 文字列の先頭から（^）
- 0から9の数字（[0-9]）が3文字続き（{3}）
- ハイフン記号（-）が続き
- 0から9の数字（[0-9]）が4文字続き（{4}）
- 文字列が終了する（$）
- または（|）
- 文字列の先頭から（^）
- 0から9の数字（[0-9]）が7文字続き（{7}）
- 文字列が終了する（$）

✏️ 実習問題⑤

次のようなHTMLを準備しましょう。

11	`<div id="content">`
12	`<div id="header">`
13	`<img src="lab5/img/mainImg_01.png" alt="" id="img" width="800" height="240">`
14	`<nav id="main_menu">`
15	`<ul>`

16	`<li><a href="lab5_imagechange.html">トップページ</a></li>`
17	`<li><a href="table.html">テーブル</a></li>`
18	`<li><a href="form.html">フォーム</a></li>`
19	`</ul>`
20	`</nav>`
21	`</div>`
22	`<main id="main_content">`
23	`<h2>更新情報</h2>`
24	`<ul>`
25	`<li>`
26	`<a href="lab5/form.html">フォームを更新しました</a>`
27	`&lt;20XX年7月20日&gt;`
28	`</li>`
29	`<li>`
30	`<a href="lab5/table.html">テーブルを更新しました</a>`
31	`&lt;20XX年7月10日&gt;`
32	`</li>`
33	`</ul>`
34	`</main>`
35	`<hr>`
36	`<footer id="footer">`
37	`Copyright &copy; HTML_Sample All Rights Reserved.`
38	`</footer>`
39	`</div>`

CSSは、付属のファイルを利用してください。このトップ画像を自動的に切り替えます。Webページが表示されたら、トップ画像が3秒ごとに切り替わるようにしましょう。

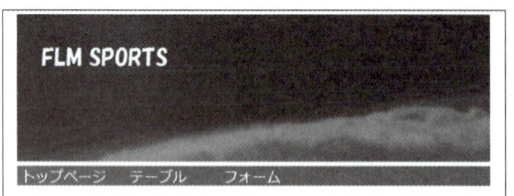

- ● 実習データ   : lab5_imagechange.html
- ● 補足   : window オブジェクトの setInterval メソッドは、指定時間（ミリ秒）ごとに処理を実行するタイマーを設定します。戻り値としてタイマー名を返します。Element オブジェクトの getAttribute メソッドは、引数で指定した HTML 要素の属性の値を返します。Element オブジェクトの seetAttribute メソッドは、HTML 要素に新しい属性を追加または HTML 要素に存在する属性の値を変更します。
- ● 処理の流れ
  1. 関数（img 要素を取得し、3 秒ごとにトップ画像を変更する関数）を定義します。関数名は changeMainImg です。
  2. window の load イベントで、関数を呼び出します。

📋 解答例

プログラム : lab5_imagechange_a.html

```
42    //changeMainImg関数
43    changeMainImg = () => {
44        //トップ画像を表すimg要素を取得
45        const topImg = document.getElementById("img");
46        //img要素のsrc属性の取得
47        const src = topImg.getAttribute("src");
48
49        //条件分岐（src属性の値を変更して画像の切り替え）
50        if (src === "lab5/img/mainImg_01.png") {
51            topImg.setAttribute("src", "lab5/img/mainImg_02.png");
52        } else if (src === "lab5/img/mainImg_02.png") {
53            topImg.setAttribute("src", "lab5/img/mainImg_03.png");
54        } else {
55            topImg.setAttribute("src", "lab5/img/mainImg_01.png");
56        }
57    }
58
59    //loadイベントの定義
60    window.addEventListener("load", () => {
61        //3秒後にchangeMainImg関数を呼び出し、トップ画像を変更
62        setInterval(changeMainImg, 3000);
63    });
```

5

ブラウザーの操作

42	//changeMainImg関数
43	changeMainImg関数を定義します。
44	//トップ画像を表すimg要素を取得
45	id属性がimgの要素を取得します。
46	//img要素のsrc属性の取得
47	img要素のsrc属性の内容を取得します。
48	
49	//条件分岐（src属性の値を変更して画像の切り替え）
50	src属性が1枚目の画像だったら。
51	src属性に2枚目の画像のパスを指定します。
52	src属性が2枚目の画像だったら。
53	src属性に3枚目の画像のパスを指定します。
54	そうでなければ。
55	src属性に1枚目の画像のパスを指定します。
56	if文の終了。
57	関数定義の終了。
58	
59	//loadイベントの定義
60	windowオブジェクトのloadイベントを定義します。
61	//3秒後にchangeMainImg関数を呼び出し、トップ画像を変更
62	3000ミリ秒（3秒）ごとにchangeMainImg関数を呼び出すタイマーをスタートします。
63	イベント定義の終了。

 よく起きるエラー ・・・・・・・・・・・・・・・・・・・・・・・・・・・・・

「setInterval」と似たメソッドに、「setTimeout」があります。これは、指定した時間後に「1回だけ」実行されるというメソッドであるため、これに変えると画像は1回しか切り替わりません。

プログラム：lab5_imagechange_error.html

59	//loadイベントの定義
60	window.addEventListener("load", () => {
61	//3秒後にchangeMainImg関数を呼び出し、トップ画像を変更
62	setTimeout(changeMainImg, 3000);
63	});

今回のプログラムの場合は、「setInterval」が適切です。

第 6 章

JavaScriptの
応用知識

6-1 ライブラリ

JavaScriptであらゆる動きを自分でプログラムするというのは非常に大変です。「よくある動き」や「作るのが面倒なプログラム」などは、再利用可能なプログラム（ライブラリ）として配布されているケースがあるので、それも活用してみましょう。

6-1-1 代表的なライブラリ

ライブラリを組み合わせることで、効率よくプログラムを作ることができるうえ、チーム開発などで使い方や開発の仕方が共有しやすくなり、保守しやすいプログラムを作れるようになります。近年では、かなり大型のライブラリ（または、フレームワークなどと呼ばれます）をベースとしてプロジェクトが開発されることが多く、JavaScriptでのプログラム開発では、「どのライブラリを採用するか」という部分が非常に重要な意味を持つ場合もあります。ここでは、代表的なJavaScriptライブラリを紹介します。

🟢 React（リアクト）

近年、もっとも人気のあるライブラリの1つで、Meta社（旧Facebook社）を中心に開発されています。とくに近年は、このReactをベースとした「Next.js（ネクスト）」という大型ライブラリ（フレームワーク）をベースに開発されることが多くなっています。

🟢 jQuery（ジェイクエリー）

Reactが登場する以前に非常に人気のあったライブラリで、今でも根強い人気があります。JavaScriptで面倒な操作を、かなり簡単に書けるようになるため、多くのプログラマに愛用されていました。

🟢 Modernizr（モダナイザー）

「機能検証」に特化したライブラリで、先に紹介した「Webブラウザーの対応機能」などを簡単に検出できるような機能が提供されているライブラリです。

ライブラリのライセンス

　ライブラリを利用する場合、気を付けなければならないのがそのライセンス形態です。多くのライブラリは「オープンソース (OSS：Open Source Software)」という、プログラムコードが公開されている形態で公開されていて、無償で利用することができます。

　ただし、ライセンス形態によってはソースコードを隠蔽するような商用プログラムには利用できなかったり、著作権者を明示しなければならないとされていたりなど、制約が定められていることもあります。ライセンス条項は、ライブラリのファイル群に「README.txt」や「LICENSE.txt」などのファイル名で同梱されているため、これを確認するようにしましょう。

オープンソースライセンス

　例えば、Reactのライセンスでは、1行目に次のように記載されています。

```
MIT License
Copyright (c) Meta Platforms, Inc. and affiliates.
```

　この「MIT License」とは、マサチューセッツ工科大学 (MIT) が定めたソフトウェアライセンスで、ライブラリの作者は、自分でライセンスの条文を考える代わりに、このMIT Licenseのライセンス条文をそのまま採用することで、利用者にわかりやすくライセンスを明示しています。

　MITライセンスは、著作権表示や許諾の表示を削除せずに明示しておけば、商用・非商標問わずに利用できる、比較的扱いやすいライセンスだよ。

　このように、多くのライブラリは既存のライセンスをそのまま採用していて、いくつかのライセンスの条件を知っておけば、すべての条文に目を通さなくても使えるようになっていることが多いです。オープンソースライセンスには、このほかにも「GNU GPL」や「Apache License」、「BSD License」などがあります。

6-1-3 npm を用いたライブラリ管理

近年、JavaScriptのライブラリ管理で人気となっているのが「npm（Node Package Manager）」というツールおよびサービスを利用した管理方法です。

Node.js

npmのベースとなっているのが、「Node.js（ノードジェイエス）」という技術です。これは、JavaScript（ECMAScript）をWebブラウザー以外の環境でも動作できるようにするための「実行エンジン」という技術で、これによってJavaScriptで様々なライブラリやソフトウェアを開発できるようになります。

npm

npmを理解するには、次の用語について押さえておくとよいでしょう。

- **パッケージ**

Node.jsで開発したツールは「パッケージ」と呼ばれる単位でまとめられて配布されます。これを管理するのが「パッケージマネージャー」と呼ばれるツールで、Node.jsのパッケージマネージャーを「npm」といいます。

- **依存パッケージ**

npmのパッケージは、開発する過程で別のパッケージを利用しているケースなどがあり、そのパッケージがなければ動作しないといった「依存関係」にあることがあります。npmを通じてパッケージをインストールすると、その依存パッケージも自動的にインストールしてくれるため、意識する必要がありません。

npmで作られたパッケージは、同名のWebサイトで公開されていて、誰でも自由にインストールして利用することができます。例えば、6-1-1で紹介したjQueryというライブラリもnpmで公開されています（https://www.npmjs.com/package/jquery）。

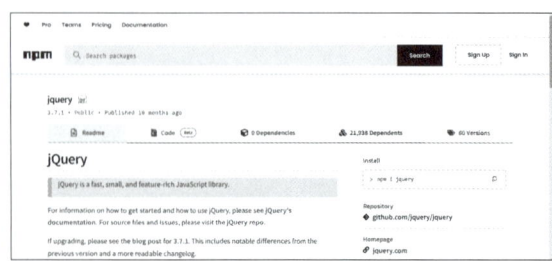

6-2 JavaScriptの開発支援ツール

JavaScriptに限らず、プログラミング言語は少しでも書き間違いがあると、全く動作しなくなってしまいます。ここでは、WebブラウザーでのJavaScript開発を助ける、デベロッパーツール（開発者ツール）について紹介します。

6-2-1 デベロッパーツールとは

デベロッパーツール（開発者ツール）とは、Webブラウザーに付属している、プログラマや技術者向けに提供されている機能群のことです。例えば、「作ったWebサイトが正しく表示されない」とか、「動きがおかしい」といったときに、その原因を探ったり、一時的に内容を書き換えたり、プログラムの動作を一時的に止めたりなど、表示しているWebページに様々な操作を行うことができます。近年のWebブラウザーのほとんどに付属しており、Web制作にはなくてはならないツールとなっています。

6-2-2 Google Chromeのデベロッパーツールを利用する

Google Chromeを起動したら、右上の「Google Chromeの設定」ボタン（■）をクリックし、《その他のツール》→《デベロッパーツール》の順にクリックします。F12キーまたは、Ctrl + Shift + Iキー（macOSでは、⌘ + Shift + Iキー）でもデベロッパーツールを表示できます。

初回は、画面右側に英語表記でデベロッパーツールのウィンドウが表示されます。日本語表記にしたい場合は、画面上部の《Switch DevTools to Japanese》をクリックしましょう。

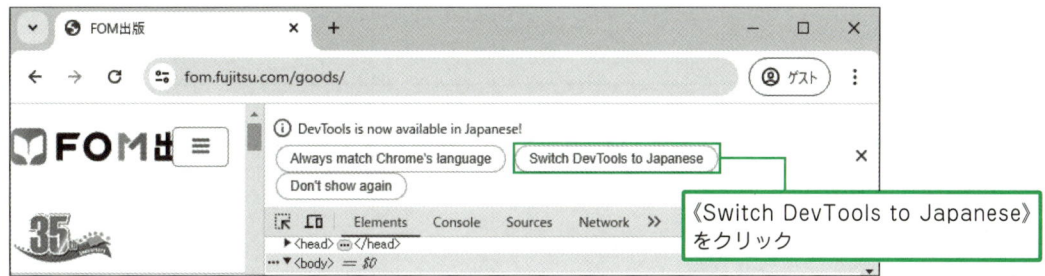

⚙をクリックし、「Language:」を「Japanese - 日本語」に変更して、✕をクリックした後、デベロッパーツールの画面上部に表示される《Reload DevTools》をクリックすることでも日本語表記にできるよ。

また、⋮をクリックし、「固定サイド」のアイコンをクリックすると、デベロッパーツールの表示位置を変更できます。

デベロッパーツールの表示位置は、▢（固定を解除して別ウィンドウに表示）、▯（左に固定）、▭（下部に固定）、▯（右に固定）の4種類から選べるよ。

本書では日本語表記・デベロッパーツールを下部に固定で解説しているよ。

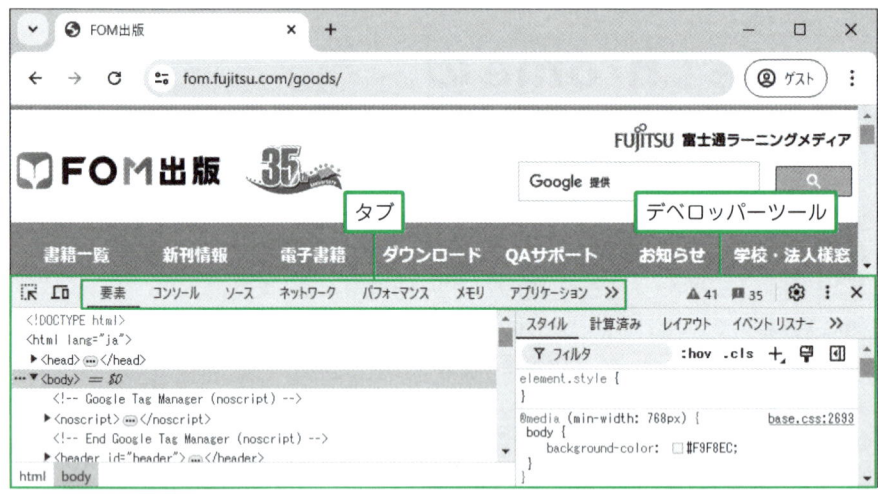

デベロッパーツール上部のタブで画面を切り替えることができます。主要なタブについて、それぞれ紹介します。

🟢 要素

今表示しているWebページのHTMLを確認できます。ソース内のタグにマウスポインターを重ねると、Webブラウザー上の該当の箇所が、反転表示されます。これによって、画面のどの要素がどんなHTML

で作られているかなどを分析できます。また、画面の右側では、今選択されている要素に適用されている
CSSの内容（スタイル）を確認することもできます。意図した通りに表示されていない要素や、おかしな
表示になってしまっている要素などを、それぞれ分析できます。

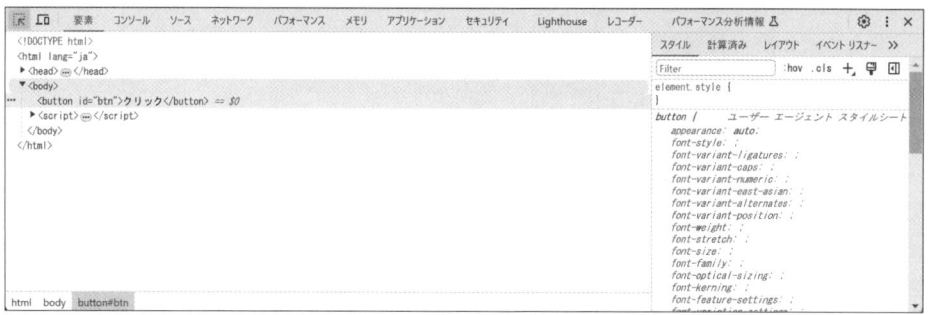

コンソール

エラーや警告、そのほか各種情報が表示されます。

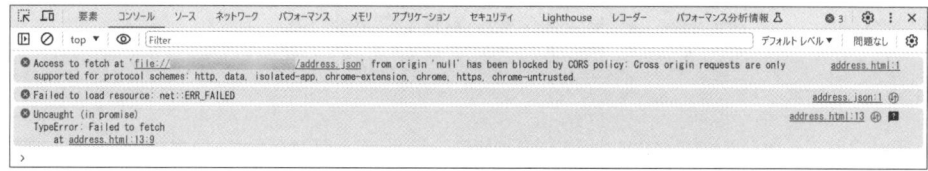

ソース

現在表示しているWebページが読み込んでいるプログラムソースやCSSなどのソースを確認するこ
とができます。また、プログラムソースを確認している場合、行番号部分をクリックすると「ブレークポ
イント」という、一時停止のマーカーを設定することができます。

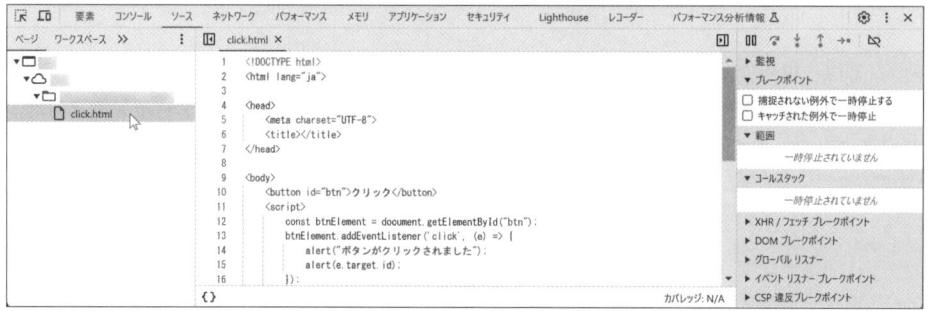

ネットワーク

各ファイルの通信状況などを確認できます。表示に非常に時間がかかるときなどに、どのファイルが原

因で遅くなっているのかなどを分析するのに役立ちます。

![ネットワークタブのスクリーンショット]

このほかには、より高度な開発時などに使われる「メモリ」や「アプリケーション」「セキュリティ」などのタブがあります。

6-2-3 ブレークポイントを利用する

ここでは、デベロッパーツールの具体的な活用方法として、「ソース」タブからブレークポイント（一時停止のマーカー）を利用してみましょう。ここでは、3-5-4で作成した「for.html」を利用して確認を行います。

プログラム：for.html

```
11        for (let i = 0; i < 3; i++) {
12            alert ("Welcome to My HomePage");
13        }
```

このプログラムでは、警告ウィンドウが3回表示されます。このタイミングで、ブレークポイントを設定してみましょう。3回目の警告ウィンドウの《OK》をクリックし、デベロッパーツールを開きます。《ソース》タブをクリックし、左側（ナビゲータ）の「ページ」から《for.html》をクリックすると、「ソース」タブの中央部分にプログラムが表示されます。12行目の行番号部分をクリックしましょう。

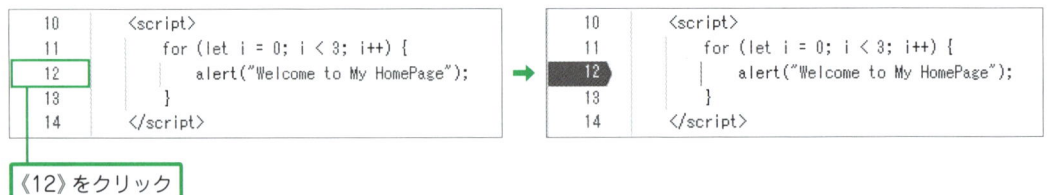

行番号部分が青色に反転します。そうしたら、ページを再読み込みしてみましょう。図のように、プログラムの動作が途中で止まります。

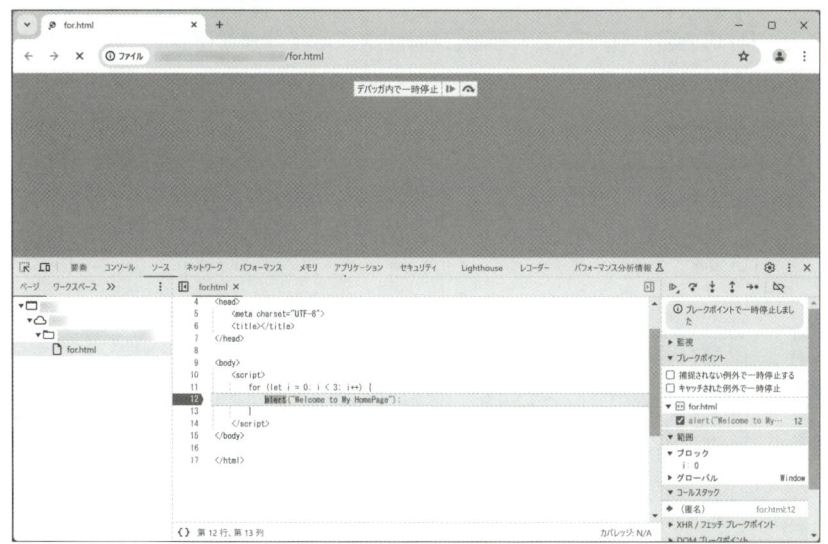

これは、「ブレークポイント」を設定したことによって、プログラムが中断（ブレーク）するポイントを作ったということになります。現在プログラムは、ブレークポイントの場所で一時停止しています。

画面の右側（デバッガ）にステップをコントロールするボタンがあるので、▶（スクリプトの実行を再開）をクリックしましょう。すると、警告ウィンドウが表示されますが、《OK》をクリックすると、再びブレークポイントで動作が止まります。

このようにブレークポイントを利用すると、プログラムを好きな場所で一時停止させることができます。これによって、動きがおかしいプログラムの原因箇所を特定したり、変数の内容を検査したりできます。

> ステップは、▶（スクリプトの実行を再開）、↷（次の関数呼び出しにステップオーバー（関数を飛ばして実行））、↧（次の関数呼び出しにステップイン（関数の中に入る））、↥（現在の関数からステップアウト（関数から出る））、→•（ステップ（次のステップに進む））の5種類で操作するよ。

🟢 変数の内容を監視する

次に変数の内容を検査してみましょう。ブレークポイントでプログラムの動作が一時停止している間、画面右側（デバッガ）には様々な情報が表示されます。すべてを使いこなすには、本書の範囲を超えてしまうため、ここでは「範囲」と「監視」について紹介します。

● 範囲

「範囲」には、変数などの状況が表示されます。「ブロック」グループに「i」と表示されていますが、これは「for」文の中で宣言されている変数の内容を確認することができます。実際に ▷ をクリックし、プログラムを動かしてみると、「i」の内容が0、1、2と順番に加算されている様子を確認することができます。

● 監視

「監視」では好きな計算式を入力して、その計算結果を確認することができます。例えば、➕ をクリックし、「i*2」と入力して、Enter キーを押すと、変数「i」を使った計算結果「i*2:2」が表示されます。

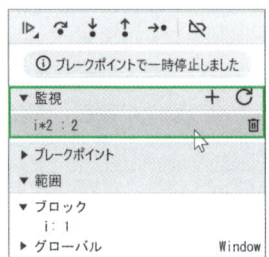

デバッガではこのように、変数の内容や演算結果などを確認しながら、プログラムの動きを確認することができます。

ステップ実行を利用する

プログラムを変え、3-6-3で作成した「func_sum.html」を利用してみます。

```
プログラム：func_sum.html
11    const sum = (num1, num2) => {
12        return num1 + num2;
13    }
14
15    const answer = sum (10, 20);
16    alert(answer);
```

15行目にブレークポイントを設定し、ページを再読み込みします。ここで今回は、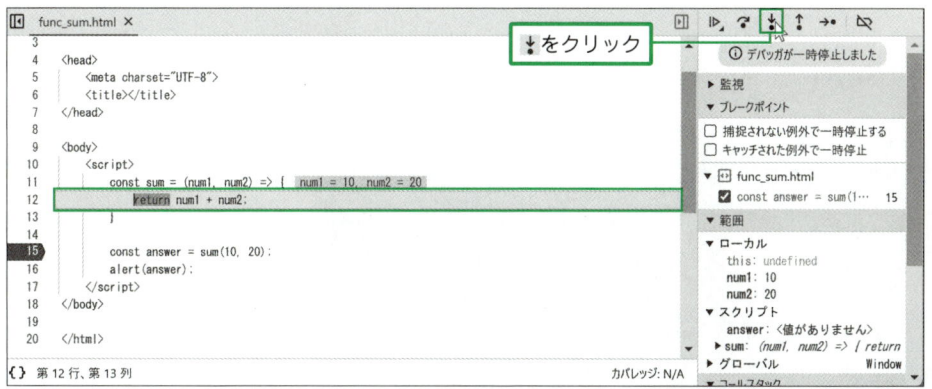（次の関数呼び出しにステップオーバー）をクリックします。すると、選択中の行が次の行（16行目）に移動します。このとき、「sum」関数は実行済になります。

再度ページを再読み込みし、ブレークポイントで止まったら、今度は（次の関数呼び出しにステップイン）または（ステップ）をクリックしてみましょう。すると、12行目のsum関数の中に移動します。

（次の関数呼び出しにステップイン）の場合、関数があるとその中で一時停止します。そこから、→•（ステップ）で関数の中の動きを1行ずつ確認しながら動作させるという使い方ができます。なお、関数内で↕（現在の関数からステップアウト）をクリックすると、そこから先の関数内のプログラムを一気に動作させ、関数が終了するところまで移動できます。

このように、ステップを利用すれば、プログラムの動きを細かく確認することができます。

6-2-4 ESLintを利用する

6-1で紹介した「npm」を利用して、実際にツールをインストールしてみましょう。ここでは、「ESLint」というツールを利用してみます。

● Lintとは

Lint（リント）は、プログラムのソースコードをチェックするためのツールです。デベロッパーツールなどのデバッグツールでは見付けられない、バグになり得る記述を発見したり、あらかじめ決めたコーディングルールに沿った記述がされているかなどを確認したりすることで、プログラムの品質を向上することができます。

● ESLintをインストールする

VS Codeを起動し、画面上部から《ターミナル》→《新規ターミナル》の順にクリックしたら、次のコマンドを入力し、[Enter] キーを押します。

```
npm install -g eslint
```

図のように表示されれば、インストール完了です。

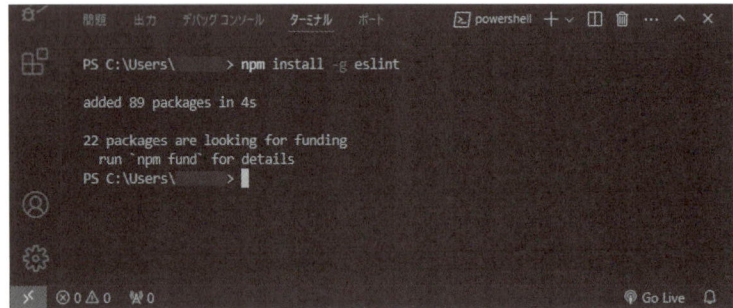

画面上部に「ターミナル」が表示されていない場合は、███をクリックしよう。

　もし、エラーが表示されてしまった場合は、コマンドの先頭に「sudo」と追加してみましょう。管理者権限でインストールできます。

```
sudo npm install -g eslint
```

　管理者権限でインストールすると、パスワードを問われるのでWindowsやmacOSにログインをするときのパスワードを入力します。

入力しても反応がないように見えますが、そのまま打ち込んで [Enter] キーを押しましょう。

作業フォルダを準備する

　ここでは、デスクトップに「eslint」というフォルダを作成します。作成したら、VS Codeの画面上部から《ファイル》→《フォルダーを開く》の順にクリックし、「eslint」フォルダを指定して、《フォルダーの選択》をクリックして開きます。これで準備完了です。

検証ルールを設定する

　ESLintを利用するには、設定ファイルの作成が必用です。次のようなファイルを、「eslint」フォルダに作成しましょう。

プログラム：eslint.config.mjs

```
01  export default [{
02      "rules": {
03          "semi": ["error", "always"],
04          "quotes": ["error", "double"]
05      }
06  }];
```

```
ファイル(F) 編集(E) 選択(S) 表示(V) 移動(G) ...          ← →              ⌕ eslint
      エクスプローラー              ...    JS eslint.config.mjs  ✕
  ∨ ESLINT           📄 🗋 ↻ 📁      JS eslint.config.mjs > [●] default
   JS eslint.config.mjs                 1  export default [{
                                        2      "rules": {
                                        3          "semi": ["error", "always"],
                                        4          "quotes": ["error", "double"]
                                        5      }
                                        6  }];
```

ここでは、次のようなルールを設定しました。

3行目	"semi": ["error", "always"]	プログラムの行の最後のセミコロン（;）がない場合、常にエラーにします。
4行目	"quote": ["error", "double"]	クォーテーション記号がダブルクォーテーション（"）ではない場合にエラーとします。

このように、コーディングルールを定めることができます。

🟢 ESLintで検証する

それでは、実際にESLintで検証をしてみましょう。次のようなプログラムを「eslint」フォルダに準備します。

プログラム：sample.js
```
01  console.log("ダブルクォーテーションで囲みました");
02  console.log('シングルクォーテーションで囲みました')
```

2行の同じようなプログラムですが、引数のクォーテーション記号やセミコロンの有無が統一されていません。とはいえ、JavaScriptのルール自体には沿っているため、これでも問題なく動作します。

ではこれを、ESLintで検証してみましょう。ESLintをインストールしたときと同様に、ターミナルを起動します。

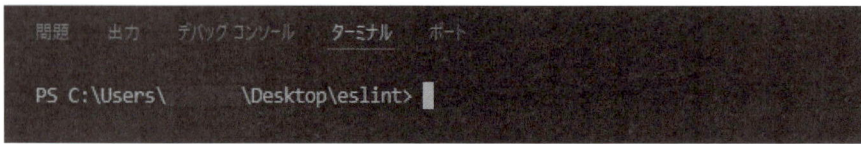

VS Codeでは「eslint」フォルダを開いているので、「eslint」フォルダの場所でターミナルが起動するよ。

```
問題    出力    デバッグ コンソール    ターミナル    ポート

PS C:\Users\      \Desktop\eslint> ▌
```

VS Codeのターミナルに次のコマンドを入力します。

```
eslint sample.js
```

「eslint」の後に検証するプログラムのファイル名を入力するよ。

Enter キーを押すと、次のようなエラーメッセージが表示されます。

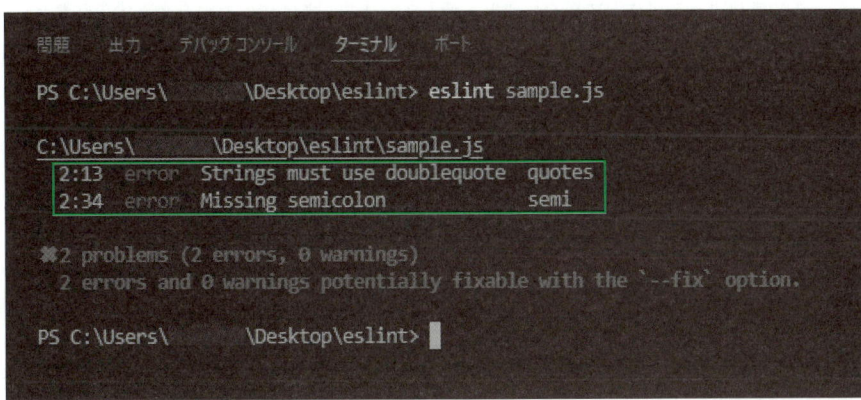

エラーメッセージが表示されない（正しく動作しない）場合は、この後の
Referenceを確認しましょう。

　文字列がダブルクォーテーションで囲まれていないことと、セミコロンがないことがエラーとして表示
されました。設定ファイルで決めたルールに沿って検証し、ルールから外れているものを警告してくれる
というわけです。エラーを修正したプログラムが以下になります。

プログラム sample2.js

```
01  console.log("ダブルクォーテーションで囲みました");
02  console.log("シングルクォーテーションで囲みました");
```

　このプログラムで検証すると、今度は何も表示されません。これで、検証完了です。このようにすると、
プログラムの記述ルールをチームで統一することなどができます。

ESLint が動作しなかったら

ESLint を起動しようとしたとき、次のようなエラーが表示されて、動作しない場合があります。

これは、セキュリティの設定によって動作ができないことを示しています。そこで、権限を変更する必要があります。Windows のスタートボタンを右クリックし、《ターミナル（管理者）》をクリックします。すると、「管理者」レベルで実行できる Windows ターミナルが起動します。ここでは、Windows を破壊するような作業も可能なため、慎重に操作しましょう。次のコマンドを入力します。

```
Set-ExecutionPolicy -ExecutionPolicy RemoteSigned
```

Enter キーを押しても、何も反応はありませんが、権限の設定が正しく変更されています。Windows ターミナルを閉じ、VS Code で ESLint を起動すると、正しく動作するようになっています。

クロスブラウザー対策とは

Web サイトをネットに公開すると、種類やバージョン、設定などが異なる、様々な Web ブラウザーからアクセスされます。そのため、環境によってはプログラムが正しく動作しないことが考えられます。あらゆる環境で JavaScript を正しく動作させるには、代替手段の利用や、エラーメッセージを表示させるといった対策が必要です。この対策を「クロスブラウザー対策」といいます。

JavaScript のライブラリを利用する場合、意識してクロスブラウザー対策をする場面は少ないですが、対応が進んでいないときなどは手動でプログラムを組む必要があります。例えば、次のプログラムではローカルストレージの利用可／不可で警告ウィンドウのメッセージが変化します。

プログラム：localStorage.html

```
11      if (window.localStorage) {
12          alert('ローカルストレージに対応しています');
13      } else {
14          alert('ローカルストレージ非対応です');
15      }
```

索引

索引

 **おわりに**

　最後まで学習を進めていただき、ありがとうございました。JavaScriptの学習はいかがでしたか？
　本書では、プログラミング言語JavaScriptの入門書として、基本的な文法から、オブジェクトの作成やブラウザーの操作までを解説しました。「プログラムが思ったとおりに動いた！」「JavaScriptのプログラムでこんなこともできるんだ！」など、学習を進める中で楽しさや発見がありましたら幸いです。

　プログラミングの学習は、テキストを1回読んだだけではなかなか理解が難しいかもしれませんが、その場合はプログラムを実行して解説と照らし合わせてみたり、「実習問題」をもう一度解き直したりしてみてください。プログラミングに慣れていくことで、段々とわかるようになっていくはずです。
　JavaScriptの最大の魅力は、何といってもWebサイトに動きを加えられるプログラミング言語であることです。本書でJavaScriptの基本知識を習得し、さらに高度なJavaScriptにチャレンジしてみてください。

　本書は、富士通ラーニングメディアの研修コースの1つである「JavaScriptプログラミング基礎」をベースとしています。研修コースにはほかにも、JavaScriptに関する豊富なコースがラインナップされています。JavaScriptの大きな特徴であるWebページの作成はもちろん、Webアプリケーションの開発コースまで、様々な研修コースをご用意しております。本書を読み終えたら、興味のある領域でJavaScriptをさらに学んでみてください！

FOM出版

よくわかる
JavaScript 入門
～ はじめてでもつまずかない
JavaScript プログラミング ～

（FPT2404）

2024年9月11日　初版発行

著作／制作：株式会社富士通ラーニングメディア

発行者：佐竹　秀彦

発行所：FOM出版（株式会社富士通ラーニングメディア）
　　　　〒212-0014 神奈川県川崎市幸区大宮町1番地5
　　　　JR川崎タワー
　　　　https://www.fom.fujitsu.com/goods/

印刷／製本：株式会社サンヨー

イラスト：かみじょーひろ

制作協力：株式会社リンクアップ